U0823114

“灵动手绘世界”系列丛书

解析景观手绘

ANALYSIS LANDSCAPE HANDPAINTED

王成虎　郭 伟　编著

中国林业出版社

图书在版编目（C I P）数据

解析景观手绘 / 王成虎，郭伟 编著. -- 北京 ：中国林业出版社，2011.7 （2014.7 重印）（灵动手绘世界系列丛书）

ISBN 978-7-5038-6258-8

Ⅰ. ①解… Ⅱ. ①王… ②郭… Ⅲ. ①景观－园林设计－绘画技法 Ⅳ. ① TU986.2

中国版本图书馆CIP数据核字(2011)第141021号

中国林业出版社 · 建筑与家居图书出版中心
策划、责任编辑：李 顺、唐 杨
出版咨询：（010）83223051

出 版：中国林业出版社（100009 北京西城区德内大街刘海胡同 7 号）
网 站：http://lycb.forestry.gov.cn/
印 刷：北京卡乐富印刷有限公司
发 行：新华书店北京发行所
电 话：（010）83224477
版 次：2011 年 7 月第 1 版
印 次：2014 年 7 月第 2 次
开 本：889mm × 1194mm 1 / 16
印 张：11.5
字 数：200 千字
定 价：68.00 元

编者的话

学习和掌握手绘的目的是什么？其实这也是我们教授课程前，想让大家思考的一个问题。现代计算机技术日新月异，应用计算机进行制图及绘画已经成为很大一部分设计人员的工作手段，但我们仍然强烈要求大家重新拿起纸笔，用这“原始”的手段表达我们的思想和意图。我想这并不只是其简单的艺术性所能打动大家的，徒手绘画是我们心与手的完美结合，也是我们快速表达思想，创造灵感的有效手段，在设计行业中，无论是著名大师，还是成熟的设计企业，其对手绘的重视程度都是无他能及的。

“灵动手绘世界”系列丛书自策划至出版，经历了接近两年时间，市面上的各种手绘类图书也都是我们学习和借鉴的样本，但我们总感觉缺了些什么。我们在教学的一线，与学习人员最容易交流和沟通，他们反映的大部分问题也是我们最想在教学和实践中解决的问题。所以这套书就针对了这些问题，作了非常深入地讲解。曾有位设计师朋友看了书稿对我们说：“只要把这几本书认认真真看完，还真不用去上培训课了”。如若真能有这效果，当是我们的心愿了。

这些年，我国的经济一直处于蒸蒸日上之势，快速的城市化进程，使得我国的设计行业得到了空前的发展。在这个过程中，设计行业的实践与理论发展取得了一定的成绩，但也造成了很多遗憾。今天，我们在学习和掌握手绘，其最终的目的也一定是要将其应用于以后的工作中去，我们也希望大家能够真正将所学用于实践中，而不是如现在的大部分设计人员，只充当一个“绘图工具”。我们更希望因为我们的努力能使大家有所领悟，能在今后的工作和生活中理解设计，创造设计有更多帮助。

以上都是我们编写这套书的目的，希望其能用于实处，用于益处。在此要非常感谢为这套书出版的朋友以及我们的同学们付出的努力。另外，如有设计同行无意中翻看了我们拙作，也请一定不吝指教，定万分感谢，并努力提高。

编著者

2011年6月

目录

CONTENT

第一章

概述

第一节

景观手绘效果图的重要性

随着现代科技的飞速发展，高新科技的不断更新，设计人员运用计算机辅助绘制景观效果图越来越普遍，做出来的图不论是从精确度，还是外观质地效果以及后期方案调整修改方面都超过了手绘效果图，大大提高了设计的表现能力。然而因为电脑方便、快捷、简单的操作方式，使得一些年轻的设计师过于依赖电脑制图，而忽略了手绘表现在创新设计的重要性，片面地理解景观效果图的涵义，这样也屏蔽了自己对于设计中灵感的发挥。

景观手绘效果图是环境艺术、风景园林设计等专业人员表达艺术构思，传达设计理念和设计信息的一种很直观的重要手段，是与业主、老师、施工人员进行有效沟通的交流工具。所以，电脑效果图做得再完美，手绘效果图的绘制与训练都是不可缺少的，所以我们仍然要培养设计师以及学生的徒手表现能力。只有这样，才能将自己的方案表现得更加完美，更加生动。

第二节

景观手绘效果图的作用与分类

一、景观手绘效果图的作用

（1）手绘效果图的制图过程是扎实基本功的具体运用过程，在绘制景观手绘效果图的过程当中，又能进一步地提高绘制人员的效果图表现能力。在绘制过程中，也能提高我们对画面的空间、虚实、对比等的刻画能力。这些既是设计师必须具备的艺术修养和审美能力，也能帮助我们在以后的电脑制图过程中，更好地处理电脑效果图中的明暗、虚实、主次、色调、对比、构图等的关系，打下了良好的基础。我们在教学中也发现，大部分手绘效果图画得好的学生，其做出来的电脑效果图的质量也远远高于没有手绘基础的学生。

（2）手绘效果图是美术基础的升华，景观手绘效果图的训练有助于提高学生的空间想象力和物体的造型能力，

对于景观设计师来说，眼脑手配合训练是非常重要的，通过这些训练能大大提高我们的空间发散思维能力，让一张平面图在脑海里形成立体映像。手绘也能提高训练者的审美能力和鉴赏能力，以及对色彩的“嗅觉”能力。

（3）设计草图是设计师一瞬间的灵感，我们通过徒手绘画记录这一瞬间的设计思路。设计草图也是酝酿方案形成的关键，好的设计师都是通过绘制大量草图最终确定设计方案，草图的重要性不可低估。而电脑在这一方面就有所欠缺，就目前景观设计的大部分软件来说，就有很多不便之处，电脑制作过程相对较长，在时效性上也很弱。一张电脑效果图从开始到成形往往都会画上3天以上的时间，但是在面对客户的时候，手绘草图就能直观而及时地呈现在客户面前，大大提高方案的成功率。

（4）手绘景观效果图在绘制的过程中，加入设计者大量的个人情感因素，能根据不同环境表达出更有人性和灵性的空间。手绘景观效果图的表现方式也多种多样，如铅笔、炭笔、中性笔、马克笔、彩铅、丙烯等。因此手绘效果图从兴起以来就没有被人们抛弃过。而电脑效果图在绘制的过程中，往往会有大量的模板和组件，做出来的图千篇一律，很容易让人产生视觉疲劳，所以在当今国际上，以及在中国发达地区景观设计公司，越来越多的人们喜欢手绘效果图，手绘效果图也不会因为电脑科技的发展而消失。

二、景观手绘效果图的分类

（1）按技法分类：现在我们已经抛弃了之前传统的绘画方式（如喷笔，水粉上色）等，随着绘画工具的多样性，效果图的表现技法也随之发生了变化，大致有以下几种：针管笔表现、钢笔淡彩表现、马克笔表现、彩铅表现、马克笔结合彩铅表现等。

（2）按用途分类：景观手绘效果图在实际的运用过程中，也是根据不同的用途和性质进行绘制的，主要可分为以下两种。

手绘草图：是设计师扑捉和记录设计灵感的最佳来源，在平面方案还没完全定下来时，需要设计师绘制大量草图，并通过反复推敲交流和修改，最终完成定稿。

手绘方案表现图：是在方案定稿以后进行表现图的绘制，也可以将其进一步绘制成最终的效果图，在刻画的过程中，要充分画出场景的空间虚实、光感、色彩等内容。刻画物体的细部材质，而且此类图也会比较精致和耐看。

第二章

景观手绘效果图的基础

第一节

工具介绍

手绘工具也是我们必须了解内容之一。下面我们来大致介绍下常用的手绘工具。

纸张的选择：在我们平时的练习过程中，可用经济适用的复印纸（70g或者80g的A4或者B5复印纸都比较合适），而在做方案阶段我们可用硫酸纸或者草图纸。

笔：在线稿阶段我们常用的笔有绘图笔、中性笔、铅笔、钢笔等。上色时，一般用马克笔和彩铅，马克笔品牌市面上多种多样，如韩国TOUCH、MY COLOR2、美国三福、AD等；彩铅最好选择水溶性彩铅，他能更好地和马克笔相溶。

第二节

线条及空间体块练习

一、线条及线条组合练习

（1）线条的练习对初学者来说非常重要，它决定了手绘图的美观性，在练习排线时，要戒骄戒躁，保持平和心态，要对画的每一条线负责。

（2）在练习时，手要自然放松，平和均匀、流畅，线与线之间，要适当交接。

排线法

网格排线法

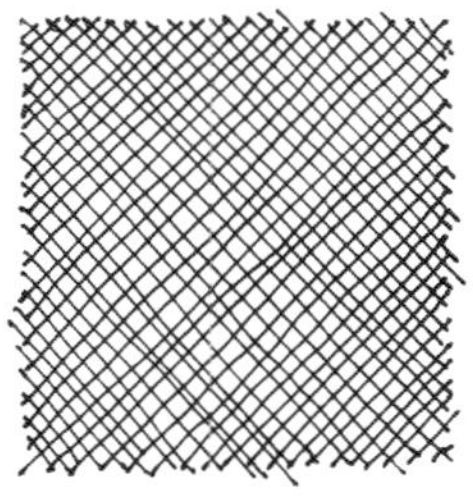
斜线排线法

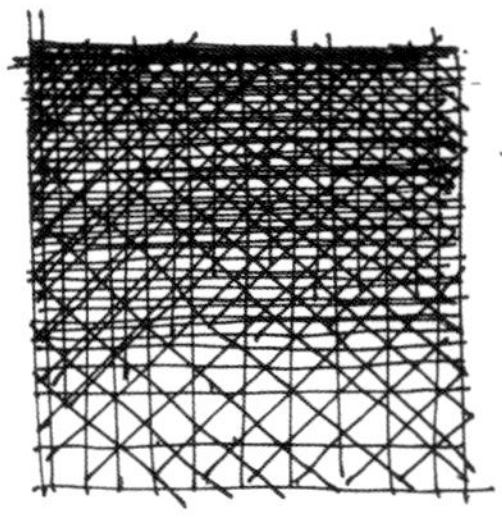
纵横疏密交错

肌理排线法

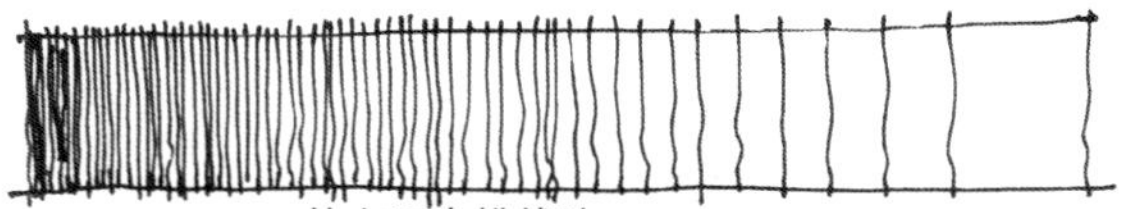
从左至右排线法

从中间至两边排线法

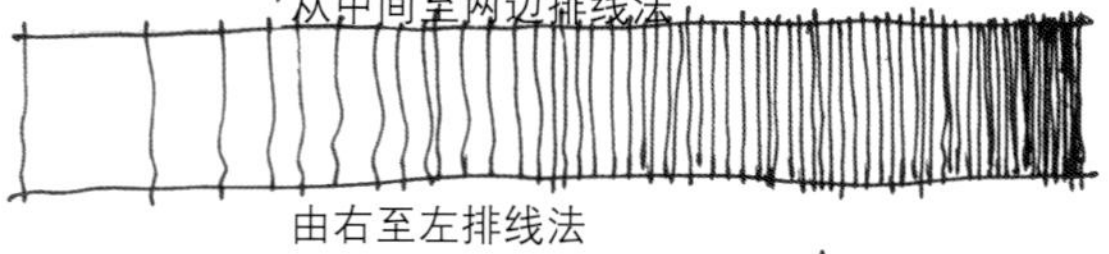
由右至左排线法

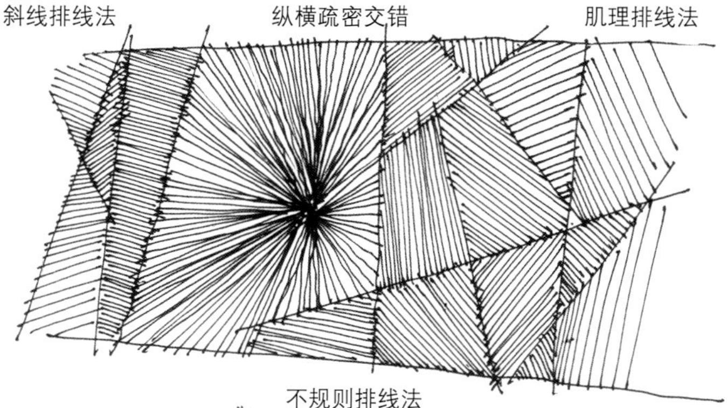
不规则排线法

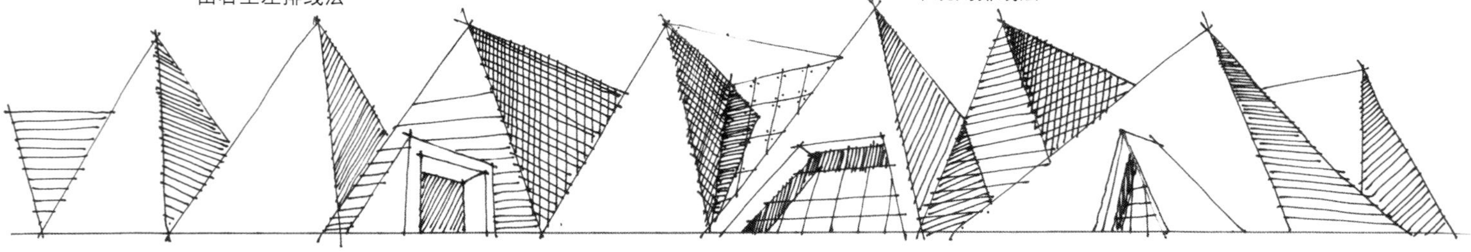
造型排线练习

二、空间体块练习

空间体块练习能培养学生对空间的初步认识，为以后画景观效果图培养良好的体块意识。

练习时可画一点透视体块，或两点透视体块，平视、俯视、鸟瞰均可大量练习。

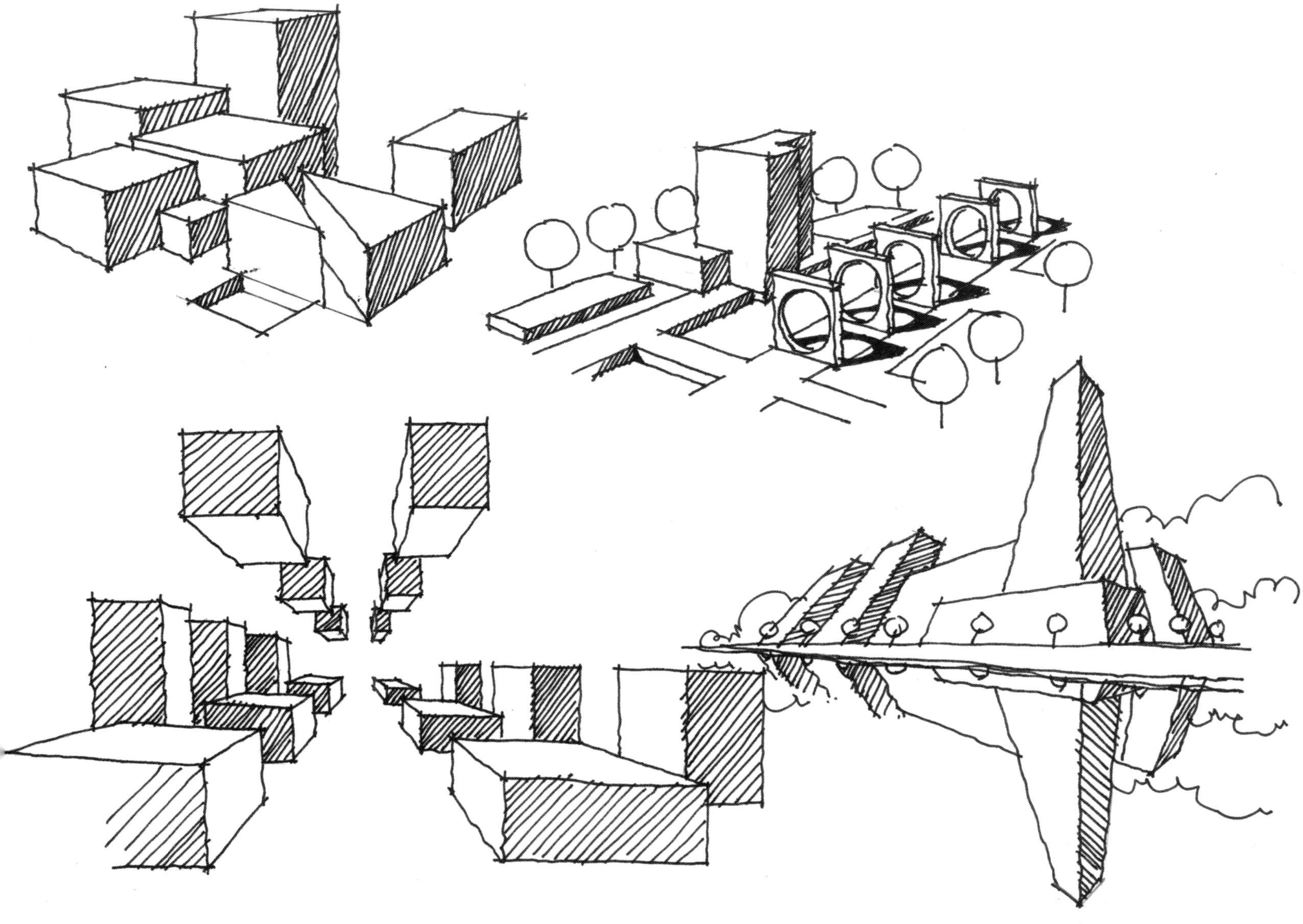

第三节

透视及构图基础

一、透视在景观手绘效果图中的重要性

设计透视是基于设计领域中的特定要求，本着反映设计旨意的特点而展开的，它有别于一般意义上的绘画透视，主要是通过运用平面图、立面图、轴测图以及相关设计透视法则来完成物体在一定空间范围内的透视转换，从而实现人们预期的设计意图和要求。

因此设计透视主要有以下几个特点：

1.专业针对性

满足于景观平绘效果图的需要，用以表达景观设计的应用绘画，有很强的专业针对性，能充分表达景观手绘效果图中的形象、材质、色彩、光影、氛围、风格以及内外部环境等。

2.真实客观性

能直观、准确、真实地反映对象所表现的现象，不允许有任何变形、夸张和失真，避免主观随意性。

3.科学合理性

理性、逻辑性更强，具有严谨的科学与程式化特点。

综上透视特点所述，透视是景观手绘效果图不可或缺的学习内容。

二、透视常用术语

透视是一门很难的学科，想要彻底地了解透视，必须认真阅读透视学的相关书籍，以下的只是一部分术语，但对于景观效果的表达已经足够了。

（1）灭点（O）：与视平线平行的诸条线，在无穷远处交汇集中的点（消失点）称灭点。

（2）中视线（CVR）：视点到画面的垂直连线，是视域圆锥的中轴线0204中心视线。

（3）画面（P）：作画时假设竖在物体前面的透明平面，平行于画者的颜面，垂直于中视线。

（4）视平线（HL）：过视点所作的水平线，或者说地平面尽头与天空交接的水平线。

（5）视平面（HP）：视平线所在的水平面。

（6）视高（EL）：视点到基面的距离，相当人眼的高度。

（7）视点（S）：视者眼睛的位置，又叫目点。

（8）基面（GP）：物体所在的平面。

（9）基线（GL）：画面与基面的交界线。

（10）站点（SP）：视点在基面上的垂直落点，又叫立点。

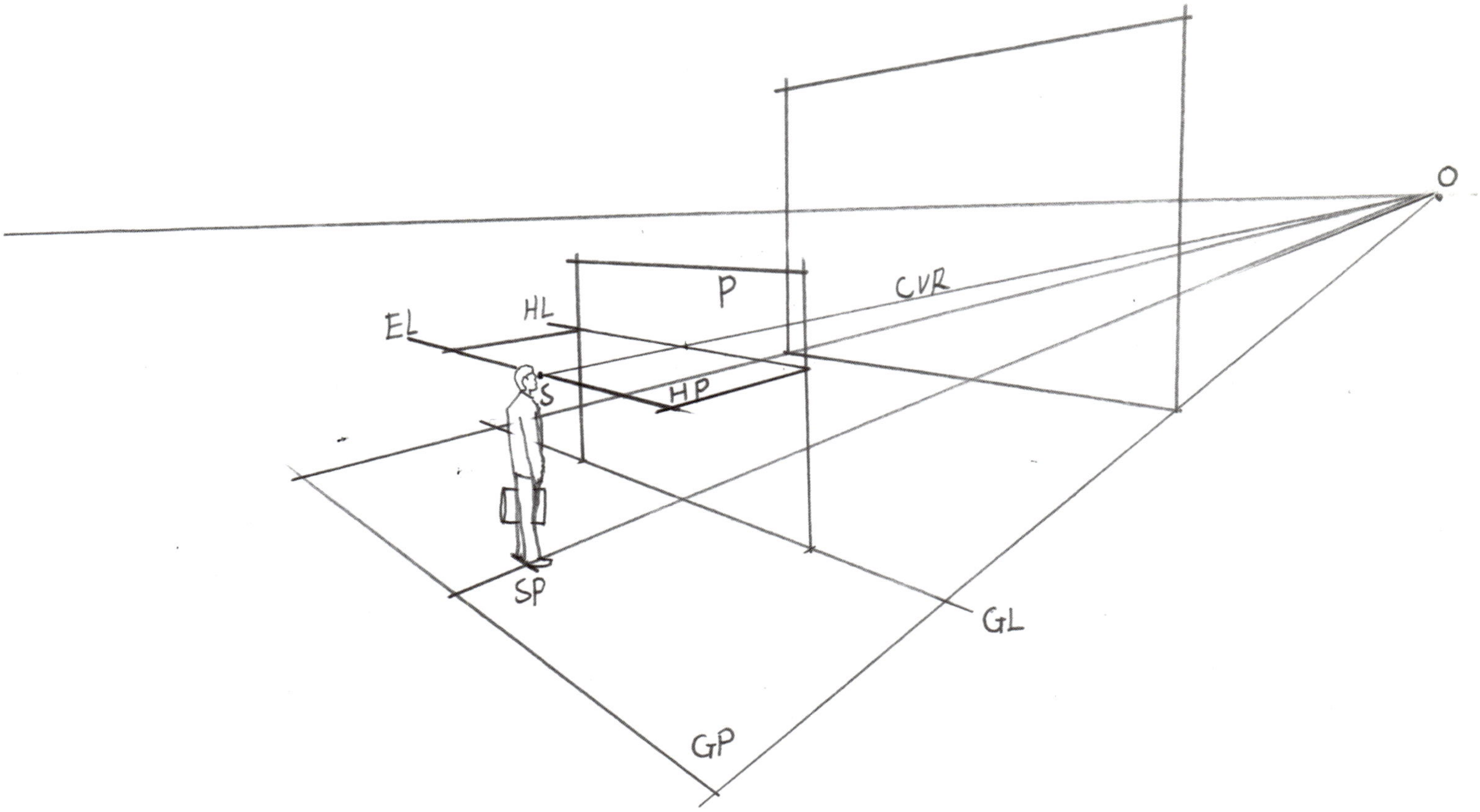

三、构图

构图是一幅好的效果图的重要环节，也是作画的第一步，一幅好的作品必须要有好的构图为基础，才能让读者赏心悦目。构图是解决问题的最好办法。

构图就形式而言，有两种，一种是横构图，另一种是竖构图。尽管两种构图都很常见，各有优势，但每一种构图，都另有讲究。下面我们大致阐述下在景观手绘效果图中常用的构图形式。

横构图的作品具有平稳、沉着等特点，特别是正三角形的构图。在具体绘画过程中要注意以下几点。

（1）要发挥好三角形构图的优势，做好三角形中三个点的定位，把所见物体灵活地安排在三个点上。有些同学在横构图的作品中自认为很好把握，安排构图时都非常随意。其实不然，三点定位尤为重要，一旦定不好位置，就会出现画面一头重一头轻的不稳定效果。

在此要提醒一点，三点之中最上方的点是主要物体摆放处，其他两点分别摆放第一次要物体与第二次要物体，其次是第三次要物体，以此类推。摆放不能超过这三点给人的视觉效果。

（2）大关系的处理。大关系是指物体与物体，或与背景的整体颜色间相互作用形成各的和谐关系。这种关系也为你以后的色调走向做了铺垫。平常我们在创作或教学中，对大关系切不可忽视，一旦忽视了大关系的处理，一种完美漂亮的颜色关系就有可能没有了。

竖构图具有纵深感强、有活力等特点。竖构图有利于表现垂直线特征明显的场景，往往显得高大、挺拔、庄严。在竖构图手绘图中的视线可以上下观看，可以把画面上中下各部分的内容联系起来。竖构图还有利于表现平远的事物。其基本的表现形式有“S”形。

（2）常见的错误构图形式

A **视点过偏** 类似这样画出来的效果图会使重心发生偏移。

B **视点过高** 这一类效果图对于初学者来说较难把握，因为视点抬高，使空间中物体叠加。

相对较少，很难把握物体与物体之间的前后关系。

C **视点居中** 这一类的效果图过于呆板，缺乏灵活性与自由感。

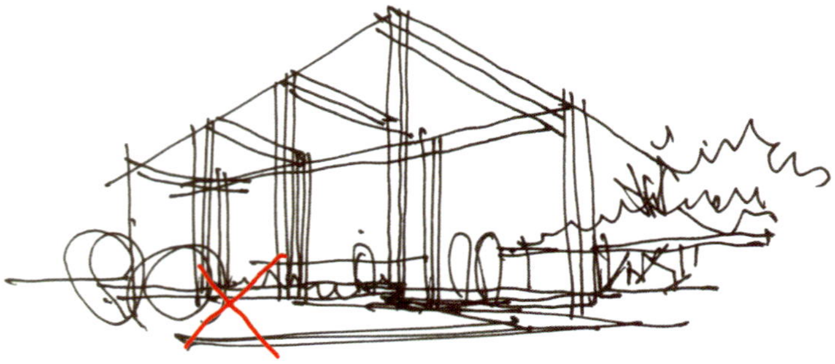

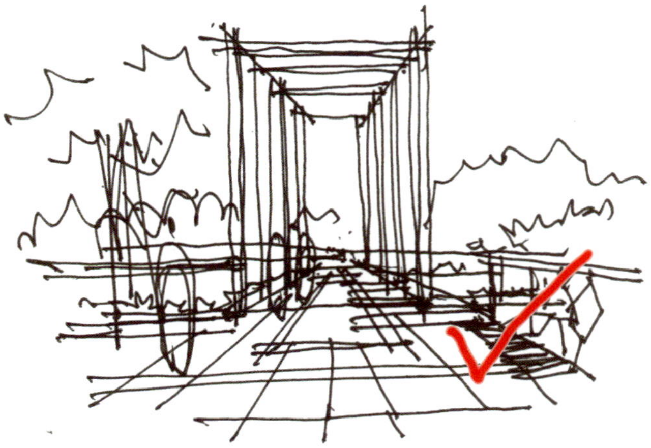

该方案其他比较合适的视点位置

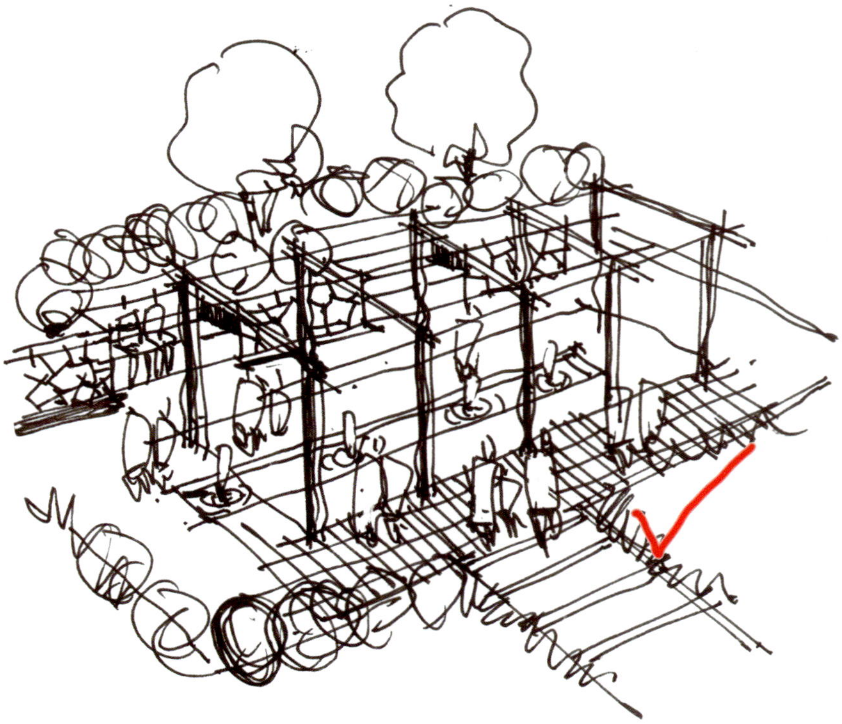

第三章

景观手绘效果图表现技法专项练习

第一节 景观元素表现技法专项练习

植物

景观设施表现

人物表现

第二节 空间透视专项练习

一点透视原理及实际案例表现

两点透视原理及实际案例表现

鸟瞰图作画原理及实际案例表现

多点透视原理及实际案例表现

实际工作中常用的经验画法案例表现

第三节 马克笔技法专项练习

马克笔及彩铅技法介绍

景观材质表现

上色步骤

第一节

景观元素表现技法专项练习

一、植物

植物画法：植物世界形态万千，所以我们要选用复杂而多样的植物进行练习，找到植物之间的相似之处和本质特点，才能在作画过程中得心应手。

画乔木和灌木时要注意以下几点：

1.要把乔木看成圆球体，树冠上分出大小组块；

2.分清受光面与背光面，注意留出反光；

3.树的边缘留出虚实，可适当留出空隙使树更圆滑。

按照植物的生长规律，树干的大小应圆滑顺畅，从上至下应由细到粗。树干与树干之间要做好穿插关系。树干与叶子的交界处应适当交代阴影。

（1）乔、灌木表现

刻画植物时，可用铅笔打出大致轮廓，注意枝条的疏密与光源的方向。上色时，受光面可用淡黄色涂色，使植物光感更为强烈。

乔、灌木刻画要点：

1. 确定光源，分清受光面及背光面；

2. 刻画重点在于明暗交界线上，使物体能够圆润通透；

3. 外轮廓描绘上根据植物种类，适当的调整刻画方式；

4. 树叶与树干交界处强调重色。

遇到大树时应大面积涂色，分清明暗关系即可。

针叶植物主要包括常绿针叶植物及落叶针叶植物两大类。

常绿针叶植物有雪松、松柏、柳杉、罗汉松等，落叶针叶植物有金钱松、水杉、落羽杉、池杉、落叶松等。

针叶植物有着相似的共性，叶子繁密，刻画时，按照素描关系，分清光源；上色时，以墨绿色调为主调，留出少量亮色即可。

（2）草本植物表现

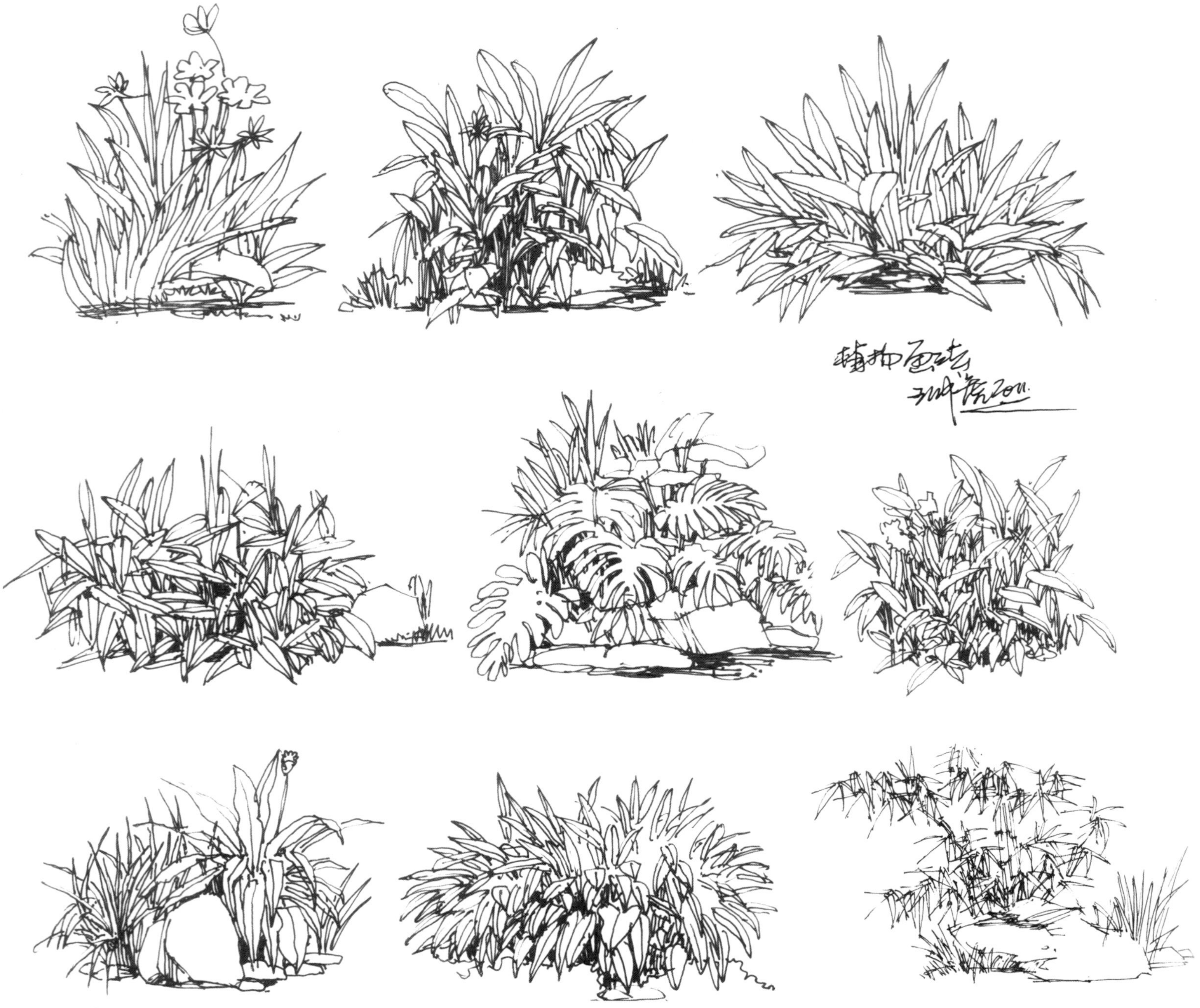

草本植物丰富多样，掌握好其外在特征是画此类植物的关键。

我们在画此类植物时，根部较难画，因此我们可以借助石头来进行遮挡。草本植物属于软材质，石头属于硬材质，可使画面更为协调。

向日葵，亦称葵花，属菊科，但在刻画时，画法与草本植物类似，我们把它归类于草本植物来刻画，画起来会简单很多。

（3）水生植物表现

水生植物是能在水中生长的植物，统称为水生植物。水生植物四周都是水，不需要厚厚的表皮来减少水分的散失，所以表皮变得极薄。

其分类大致有以下几种：挺水植物（荷花、水葱、香蒲、芦苇等）；浮叶植物（睡莲、水鳖等）；漂浮植物；沉水植物等。

因此，我们在刻画水生植物的时候，要画出植物叶片的轻薄质感，以及植物与水之间的环境关系。

要使植物本身显得更有空间层次，可以把叶子后面的小草调子，加深加强。

（4）棕榈科植物表现

棕榈科属单子叶植物，分布于热带及亚热带地区，其种类非常丰富，但在刻画上都有很多的共同点。

1. 叶子外在形态，从上到下为由嫩到老，因此叶子的朝向也就各有不同；

2. 在刻画叶子最密等区域的时候，一般要用虚画的方式，即表达“少即是多”；

3. 根部交接时，可置入一些小碎石、景观石、小草或植物等，使植物与地面不致于太生硬。

表现时，原理和草本植物的表现方式是相似的，只要在这基础上，区分叶子外轮廓，就能改变植物类型。

二、景观设施表现

（1）水的表现

水的刻画：效果图中，水能使画面生动活泼、富有动感，刻画水时要注意：

1. 把握好水的流向和力度，才能控制线条的轻重缓急；

2. 画水更多的精力是画水周围的材质，水本身在用线上要做到精简，才能更生动。

上色时：

1、石头笔触要做到干净利落，有较强的笔触，水平面方向则按照水流方向运笔，或者是平行运笔。

2、水与石材可运用对比色，可使材质之间区分更加明显。

（2）石头的表现

俗话说“石分三面，树分五枝”，在刻画石头时也有以下要点：

1. 在刻画石头这一类材质时，要分面刻画，面与面之间要明显，用线上要干脆利落；

2. 画石时，“明暗交界线”是交待石头的转折面，也是刻画的重点；

3. 注意留出反光，也就是在暗部刻画时，反光面用线较少。

上色时要注意以下几点：

1. 各种石头，颜色不一，大致分别为暖色和冷色石材；

2. 石材亮面可不根据石头的方向排笔，用马克笔宽头，竖向排笔，光感显得更加强烈，高光处可用白色涂改液适当点出来，切忌不要用得太多，会使画面显得凌乱与花哨；

3. 石材亮面的周围可适当加出周围环境，加强了对比，使物体、材质显得更加跳跃。

（3）雕塑的表现

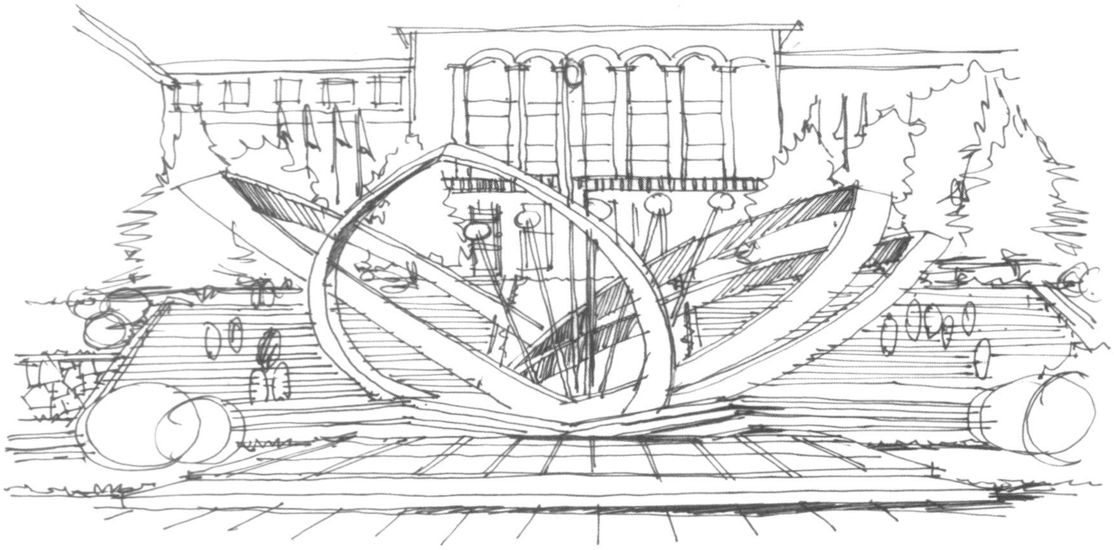

雕塑具有着极强的地域性及特殊性，在平时的练习或学习过程中，多了解雕塑以外的环境。

教学楼前雕塑

色彩跳跃性很强的雕塑

具有现代气息的雕塑

行政办公楼前雕塑

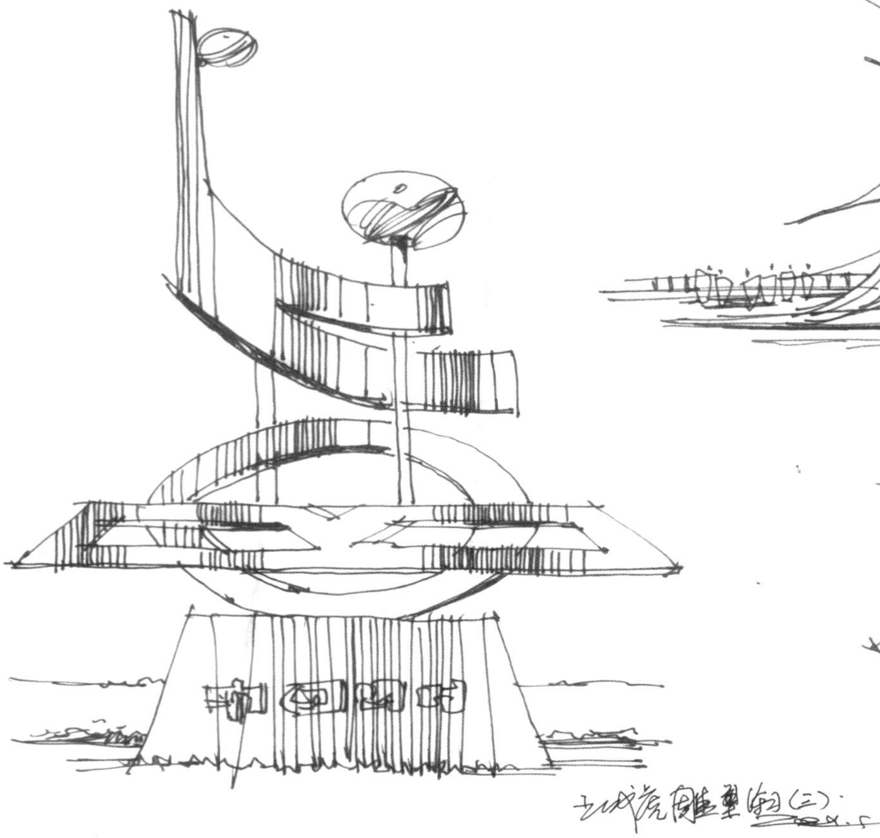

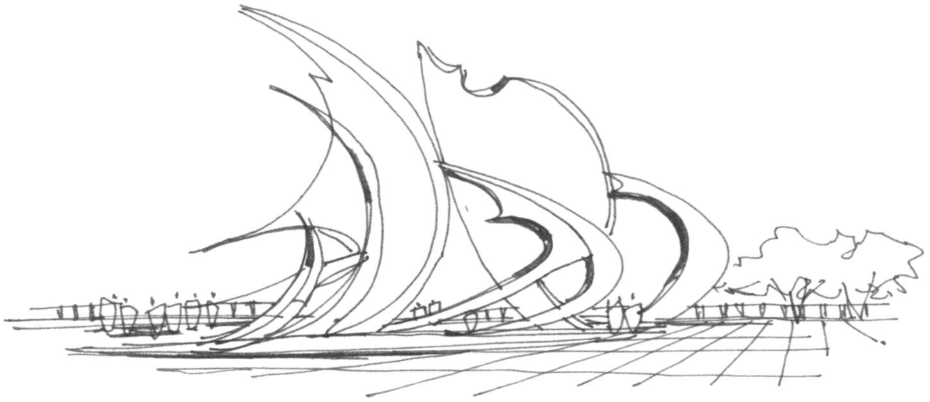

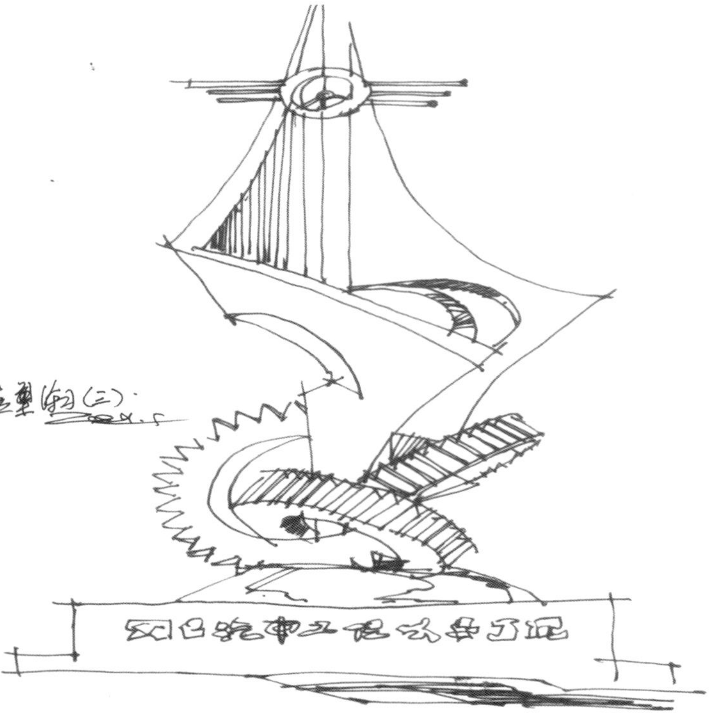

科教性质的雕塑

城市广场雕塑

具有工业气息的雕塑

仿植物形态的雕塑

雕塑：在颜色搭配上，依据色彩搭配原理，使之成为人们视觉的中心点，色彩搭配必须根据用地性质以及雕塑本身材质所决定。

广场雕塑有很强的随机性，其主要表现为根据周围的环境相融合，其造型丰富多样，大致分为具象与抽象，但也要和附近环境相协调，比如造型、色彩方面都要与环境相呼应。

广场中心雕塑

数字雕塑

具有科学气息的雕塑

历史文化雕塑

广场雕塑在广场空间构图中所扮演的角色和发挥的作用是与广场空间进行对话的重要方式，也是联系广场空间的逻辑纽带，更是雕塑自身三维特性空间的价值体现。

（4）单体花架的表现

具有现代气息的廊、架的各种表现形式

现代中式廊架表现（一）

欧式廊架表现

现代中式廊架表现（二）

造型独特的廊架

具有工业性质廊架表现

（5）单体亭子的表现

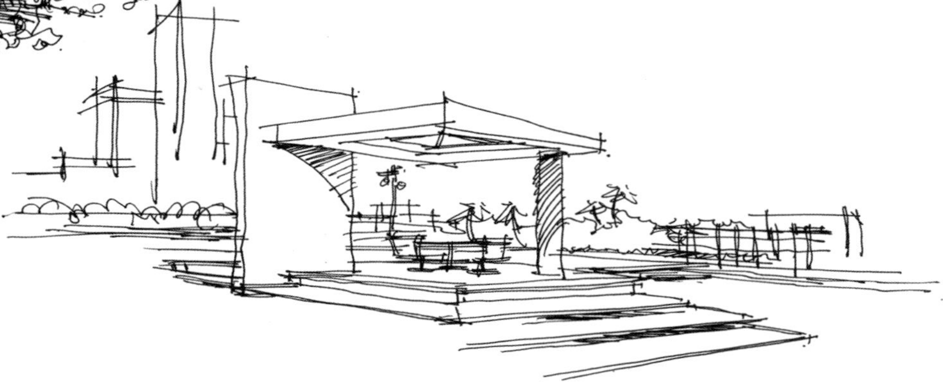

中式亭子（一）

八面圆形亭子

简易亭子

中式亭子（二）

中式环形亭子

现代中式四方亭

园中设亭，关键在于它的位置，亭是园中点睛之物，所以多设在交接处，其体积小巧、其造型别致，可建于园林的任何地方，其主要用途为供人休息、避雨。亭子的结构简单，其柱间通透，柱身下设半墙或直矗于地面。从亭的平面看来，可分为正多边形亭、长方形和近长方形亭、圆亭和近圆亭等，亭的材料以木石为主。

（6）张拉膜的表现

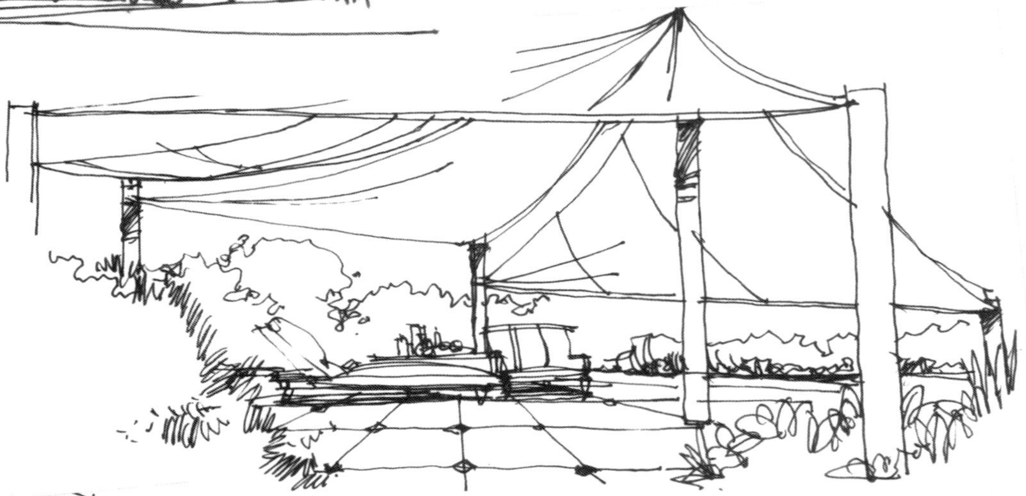

膜结构又称索膜结构，张拉膜或是空间膜，它是一种建筑与结构完美结合的结构体系，其造型自由、轻巧、柔美，充满力量感，使用安全等特点，是现阶段景观设计中常用的小品类型。

张拉膜造型（一）

张拉膜造型（二）

排列式张拉膜

在画拉膜的时候要注意好其本身的属性，其固有色一般以白色或灰色为主，因此我们在上色时，可用灰色马克笔或者是沙蓝色。

在膜结构设计阶段要考虑的要点：

1、保证膜面有足够的曲率，以获得较大的刚度和美学效果。

2、细化支撑结构，以充分表达透明的空间和轻巧的形状。

3、简化膜与支撑结构的连接节点，降低现场施工量。

张拉膜造型（四）

休闲式拉膜

挺立式拉膜

（7）景观元素的表现

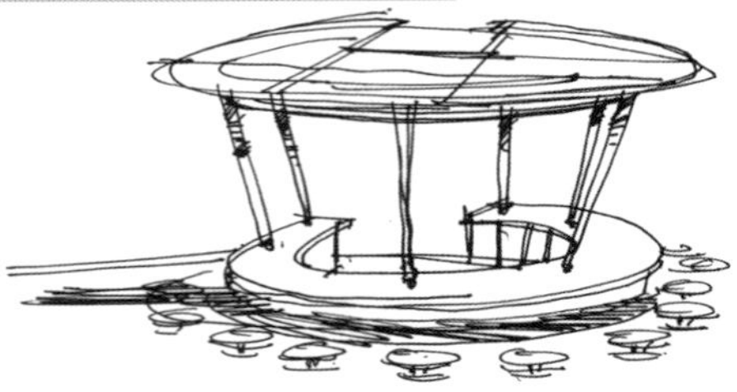

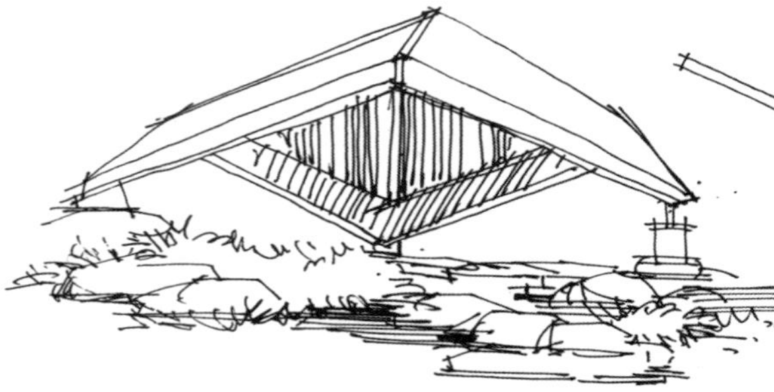

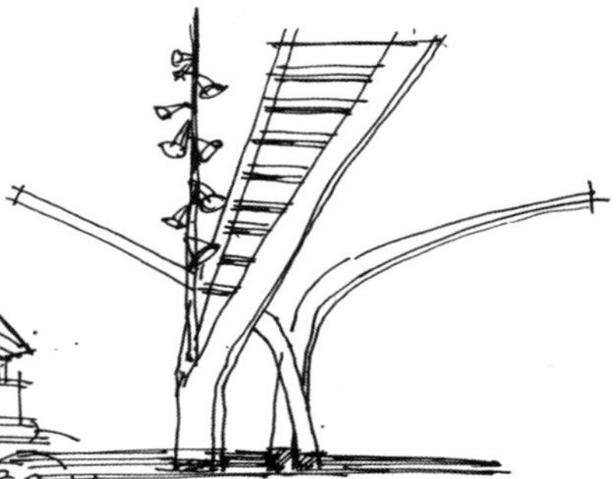

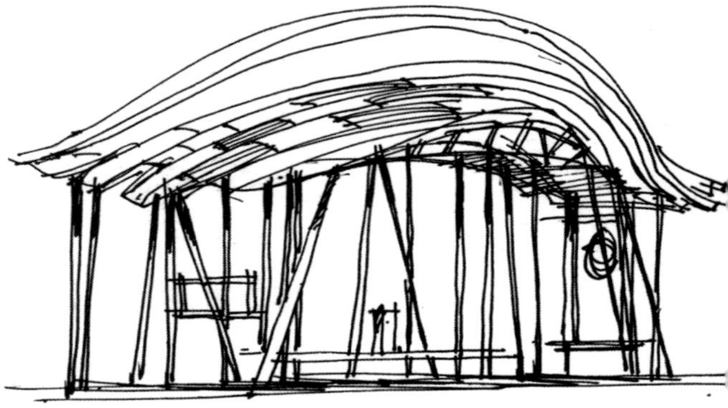

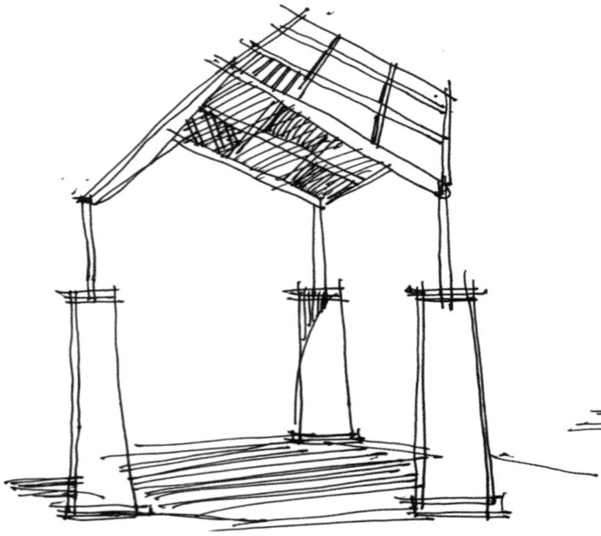

（8）摩托车的表现

同学们在平时的练习过程中可多积累素材，如丰富画面的摩托车，以精准的线条准确地画出物体的结构，以线条的疏密来组织物体的虚实。初学者在初学时，不建议以排线的方式去刻画物体，这样对基本功的巩固意义不是很大。

（9）单体汽车的表现

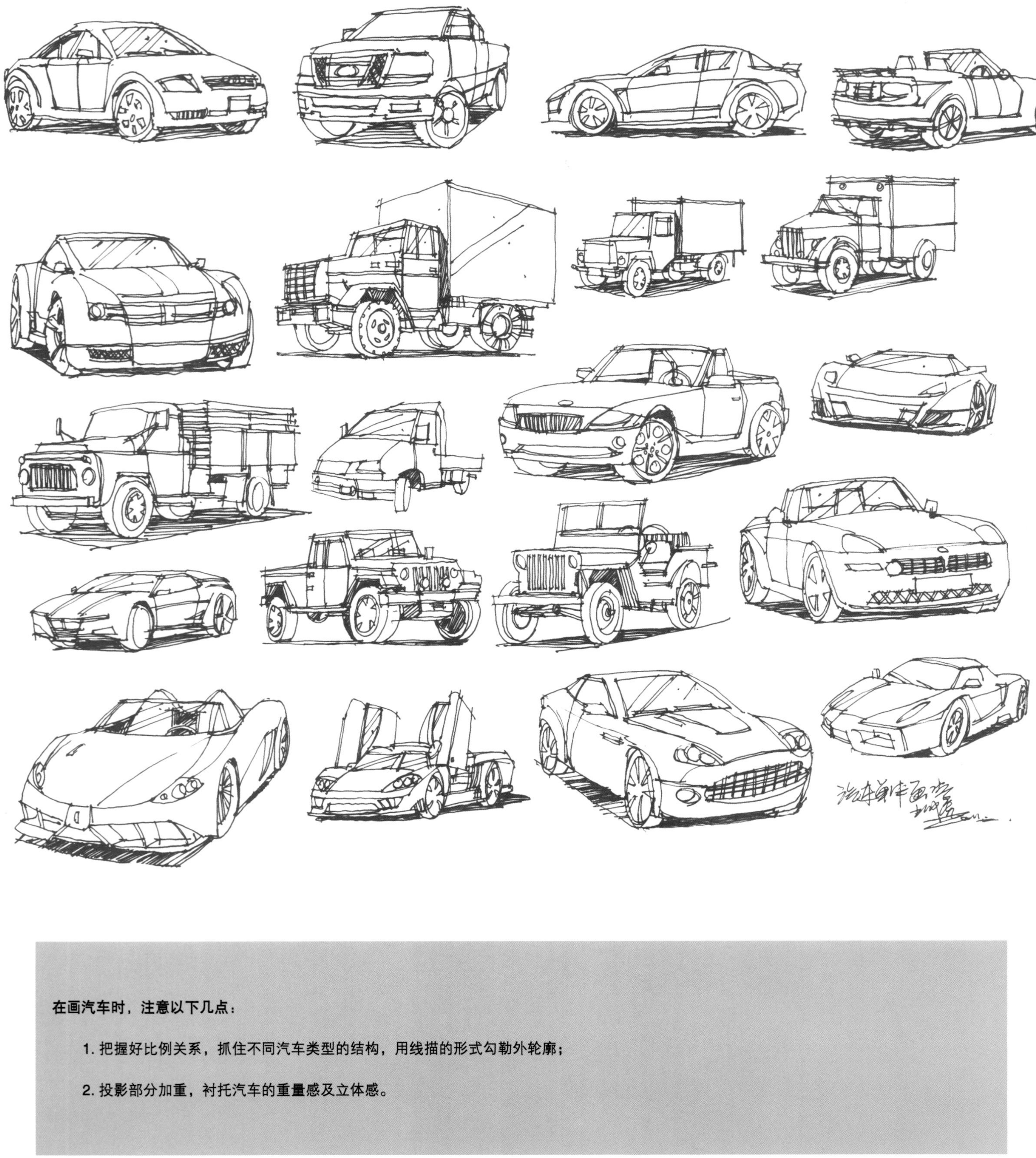

在画汽车时，注意以下几点：

1. 把握好比例关系，抓住不同汽车类型的结构，用线描的形式勾勒外轮廓；

2. 投影部分加重，衬托汽车的重量感及立体感。

汽车外观属于金属材质，上色时，交代出环境色，使汽车更具有光感。

（10）景观配饰的表现

景观设计中，除了体型较大的小品外，经常会用到一些微型小品，如置于草地中，或是广场某一角落等地，起到丰富场景，强化主体的作用。

三、人物的表现

（1）成年人的表现

画人物要点：

1. 人物在效果图当中起到拉开空间以及确定尺度的重要关系，既能使前后物体迅速拉开层次，也能作为衡量空间尺寸的重要"工具"。还能起到美化空间以及活跃空间氛围的作用。

成年人画法

要点：画人物

1. 要注意好人物的比例关系。

一般速写中人物的比例为"站七、坐五、蹲三半"，但在效果图当中，我们仍可用"站八、坐五、蹲三半"的比例去刻画。

2. 人物线条的刻画着重点放在衣服的褶皱上，褶皱的位置一般都是骨骼的转折处，因此线条一般从该处出发，在线条的处理上，用笔要肯定、流畅。

画人物，注意以下几点：

1. 人物在效果图当中起到拉开空间以及虚实的重要关系，既能使前后物体迅速拉开层次，也能作为衡量空间尺寸的重要“工具”；

2. 还能起到美化空间以及活跃空间氛围的作用。

成年人画法，注意以下几点：

1. 要注意好人物的比例关系，一般速写中人物的比例为“站七、坐五、盘三半”，但在效果图当中，我们则用“站八、坐五、盘三半”的比例去刻画；

2. 人物线条的刻画着重点放在衣服的褶皱上，褶皱的位置一般都是骨骼的转折处，因此，线条一般从该处发散，在线条的处理上，用笔要肯定，流畅。

（2）女性人物的表现

女人画法。

1. 这组图中的女性人物要以模特的比例来画，特点：腰细短，腿细长，手细长。当然比例也要按照站八、坐五、蹲三的标准来画。

2. 女性服饰多种多样，因此同学们在平时应多观察，这样我们画出来的人物更生动及更有趣味性。

3. ~~女性~~ 画女性时应注意装饰品的刻画，如挎包、背包、手饰、项链等，~~[illegible]~~等。

女人画法，注意以下几点：

1. 效果图中的女性人物要以模特的比例来画，也就是，腰“细短”腿“细长”手“细长”，整体比例要按照站八、坐五、盘三半的标准来画；

2. 女性服饰多种多样，因此，同学们在平时应多观察，这样我们画出来的人物更生动及更有趣味性；

3. 画女性时，应注意装饰品的刻画，如挎包、背包、首饰、项链等。

（3）儿童的表现

儿童画法。

1、画儿童要注意以下几点

①、儿童的身材比例要比成年人小，也就是说头与身高的比例大致为1:6即可。

②画儿童时要把儿童的动作多画一些，这样能使画面人物看起来更生动。

③、画儿童时要注意配饰的刻画，如：书包、气球、玩具、球、画板、书本等，更能使人物富有生动性。

④、在儿童衣服上注意衣服的装饰刻画，如：花纹、花朵、条纹、格子等，具有装饰图案，使儿童更为活泼。

儿童画法，注意以下几点：

1. 儿童的身材比例要比成年人小，也就是说，头与身高的比例大致为 1:6 即可；

2. 画儿童时要把儿童的整体身子画胖，这样能使人物看起来更生动；

3. 在画儿童时，要注意配饰的刻画，道具上如书包、气球、画板、书本、玩具等，在衣服的图案，如花纹、花朵、格子，条纹等，使儿童更活泼，更具生动性。

（4）特殊场景及简笔画人物表现

在画一些快速表现图或是草图时，经常会用到快速表现的人物。画时应把人物想象成长方形、三角形等形状，再进一步细化。

（5）鸟瞰图配景的表现

随着视点的升高，透视也随之产生变化，在鸟瞰图中，根据透视原理而刻画的人物的肩与腿之间的比例要更为夸张。

第二节

空间透视专项练习

一、一点透视原理及实际案例表现

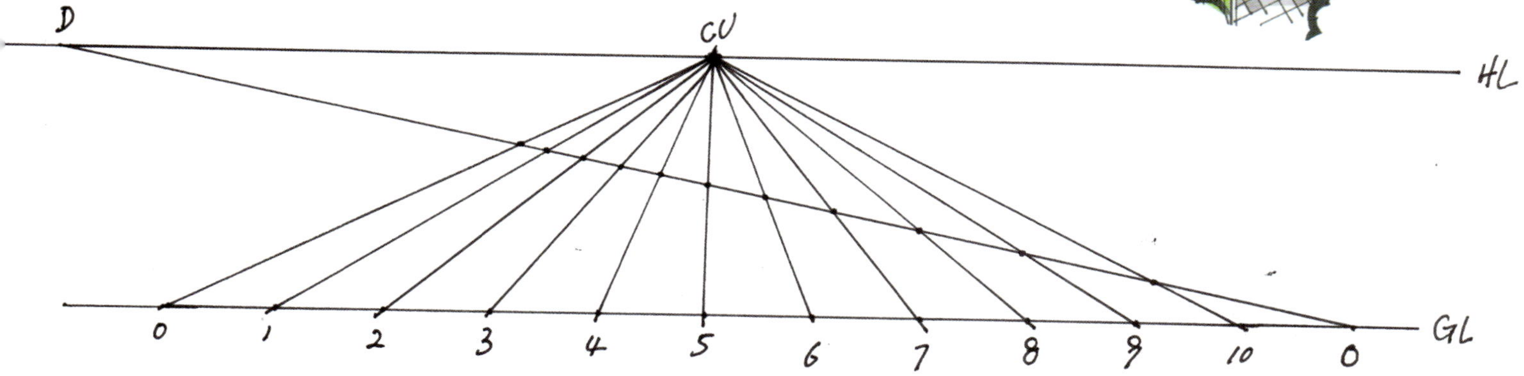

一点透视案例步骤一：

定出视平线 HL，灭点 CV，按比例定出宽度尺寸 0~10，0~10 位于基线 GL 上，过 CV 作 0~10 及各点的连线，确定距点 D（距点到灭点的距离与视点到灭点的距离相等，距点到灭点的远近等于视点的远近，它影响到透视图进深程度的表现。距点远，进深显得平缓；距点近，进深显得很长）。

DVC 的距离等于视距，在 0~10 的延长线确定一个点“0”，并等于一个刻度，过点“0”作到 D 的连线，与视心 CV 的各透视线形成交点。

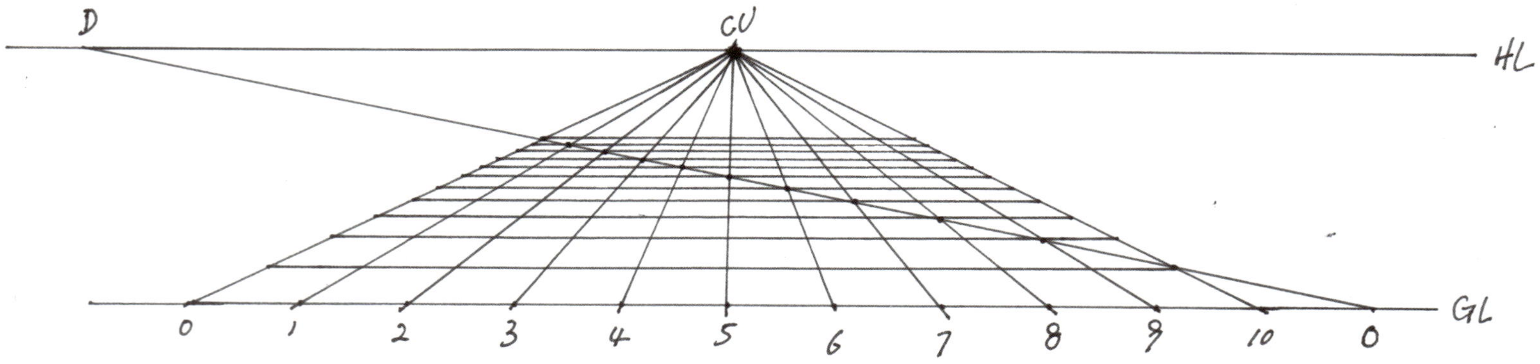

一点透视案例步骤二：

作 DO 与视心 CV 的各透视线形成的交点的直线，形成空间透视网格。

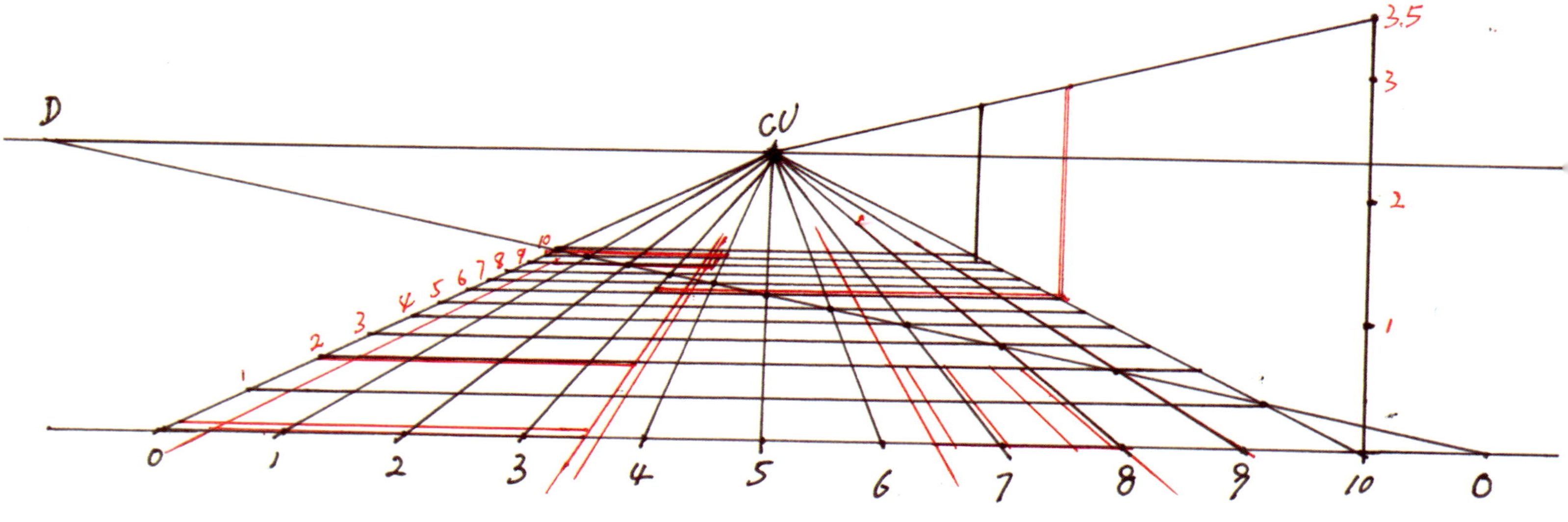

一点透视案例步骤三：

根据平面图中的各物体的坐标位置，在透视图中找到相应的地面投影，过第 10 点作垂直线，即为空间的真高线，假设景墙高为 3.5m。

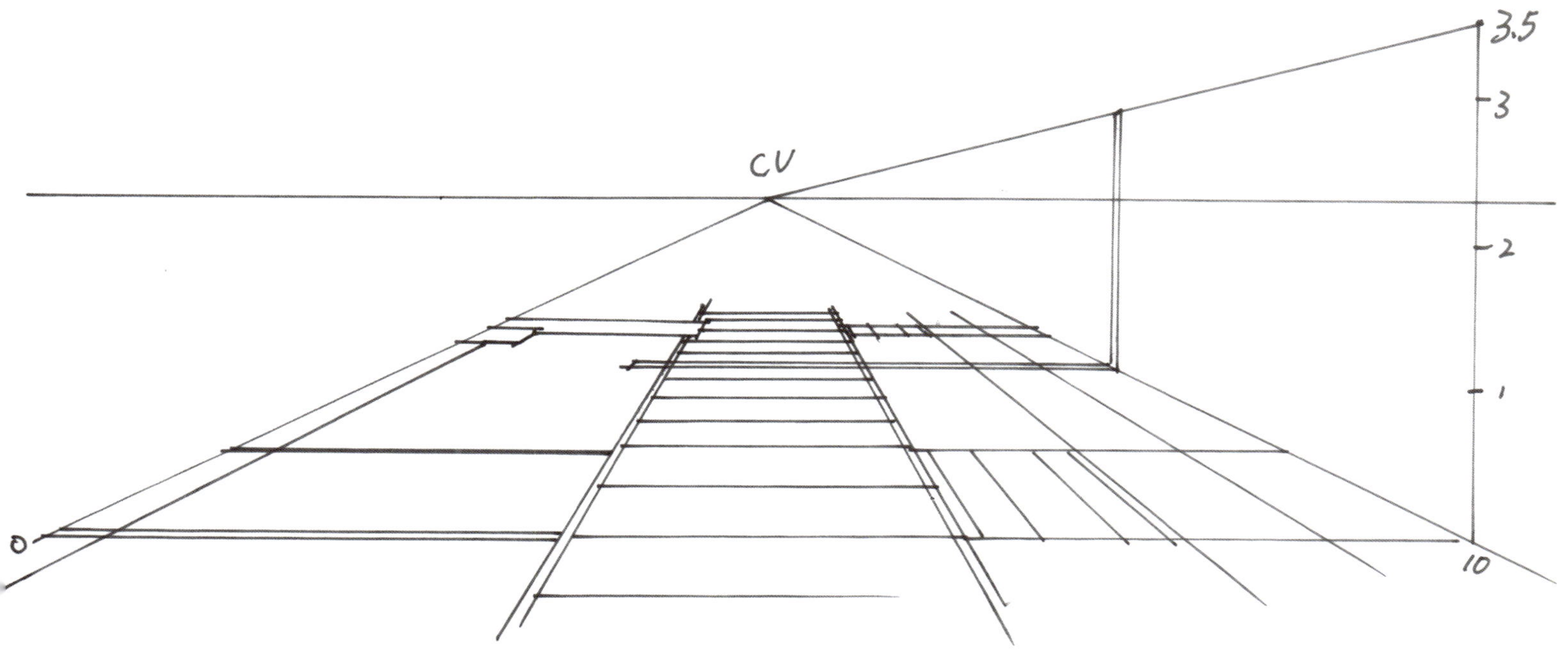

一点透视案例步骤四：

整理细节，完成空间的透视构架。

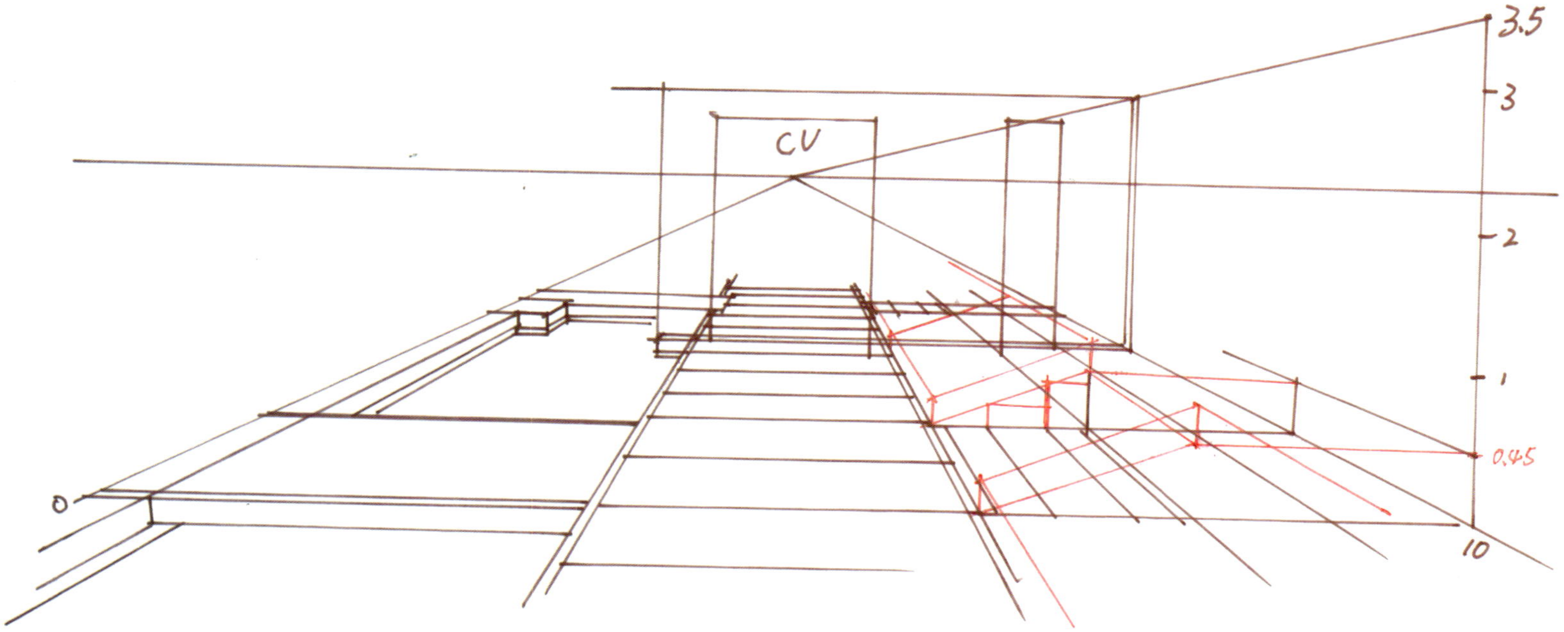

一点透视案例步骤五：

在真高线上寻求景墙、花坛、水池等高度。

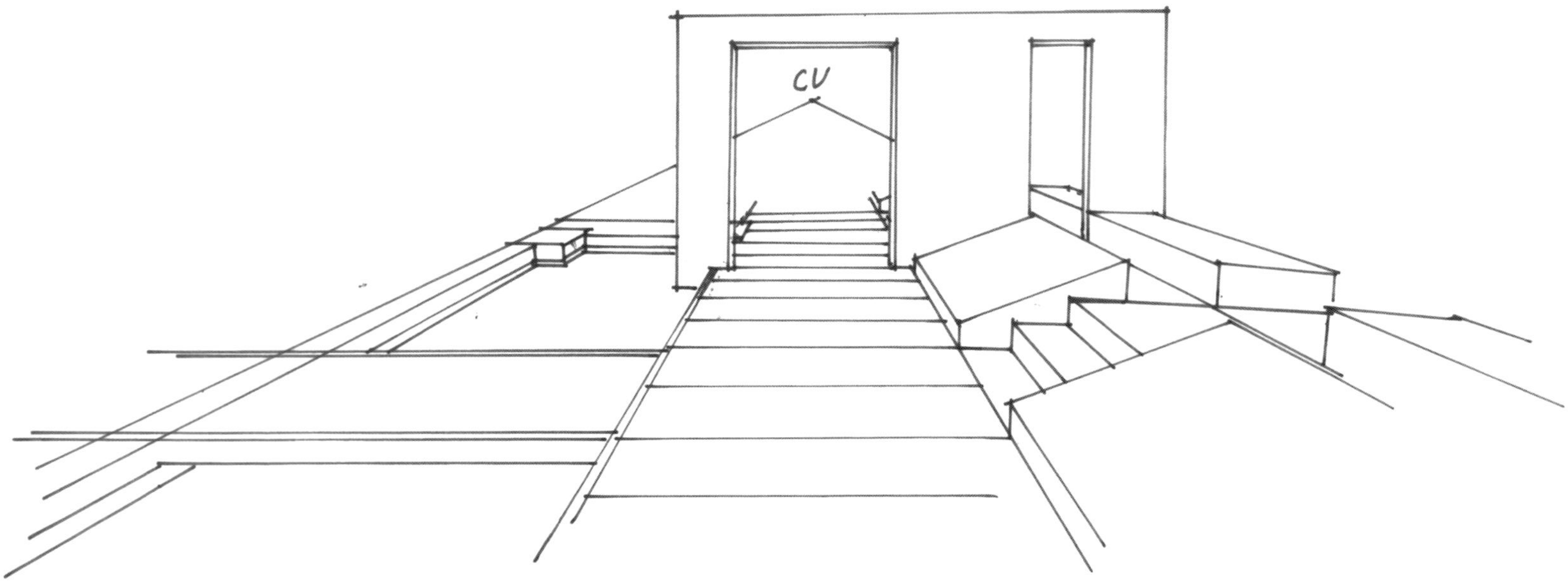

一点透视案例步骤六：

建立起不同高度和形状的物体的体块，并整理细节。

一点透视案例步骤七：

根据平面图，勾画出环境草图。

一点透视案例步骤八：

在草图的基础上，细化完善丰富空间透视图。

二、两点透视原理及实际案例表现

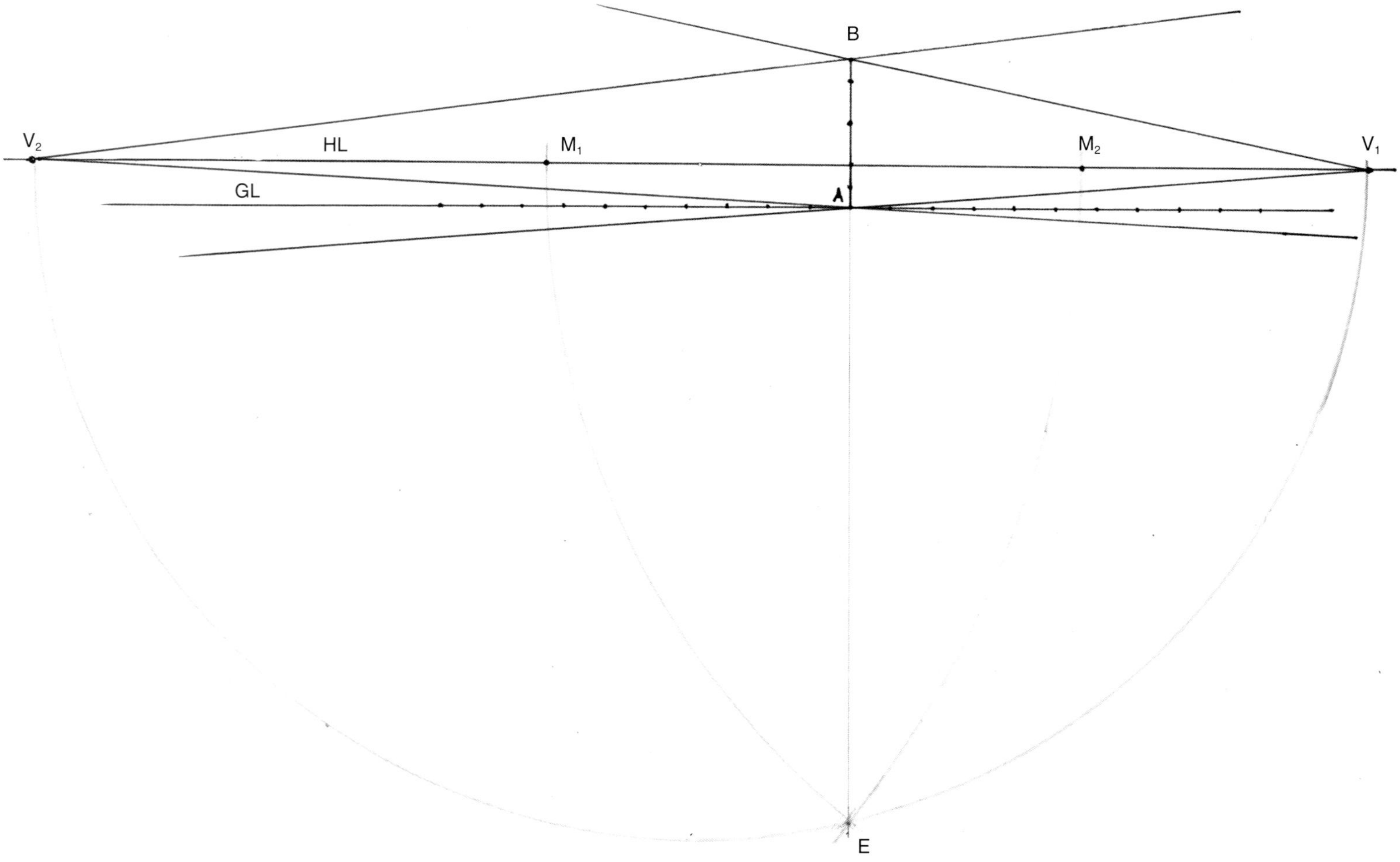

两点透视案例步骤一：

确定视平线 HL，真高线 AB（按景墙 3.5m）和两个灭点 V_1、V_2，作 A、B 两点与 V_1、V_2 的连线，并使之延长。以 V_1、V_2 为直径画圆弧，交 AB 延长线于视点 E，分别以 V_1、V_2 为圆心，V_1E、V_2E 为半径作圆弧，交视平线 HL 于点 M_1、点 M_2，M_1、M_2 为透视进深的测量点，在基线 GL 上点 A 的左右各分 10 个刻度。

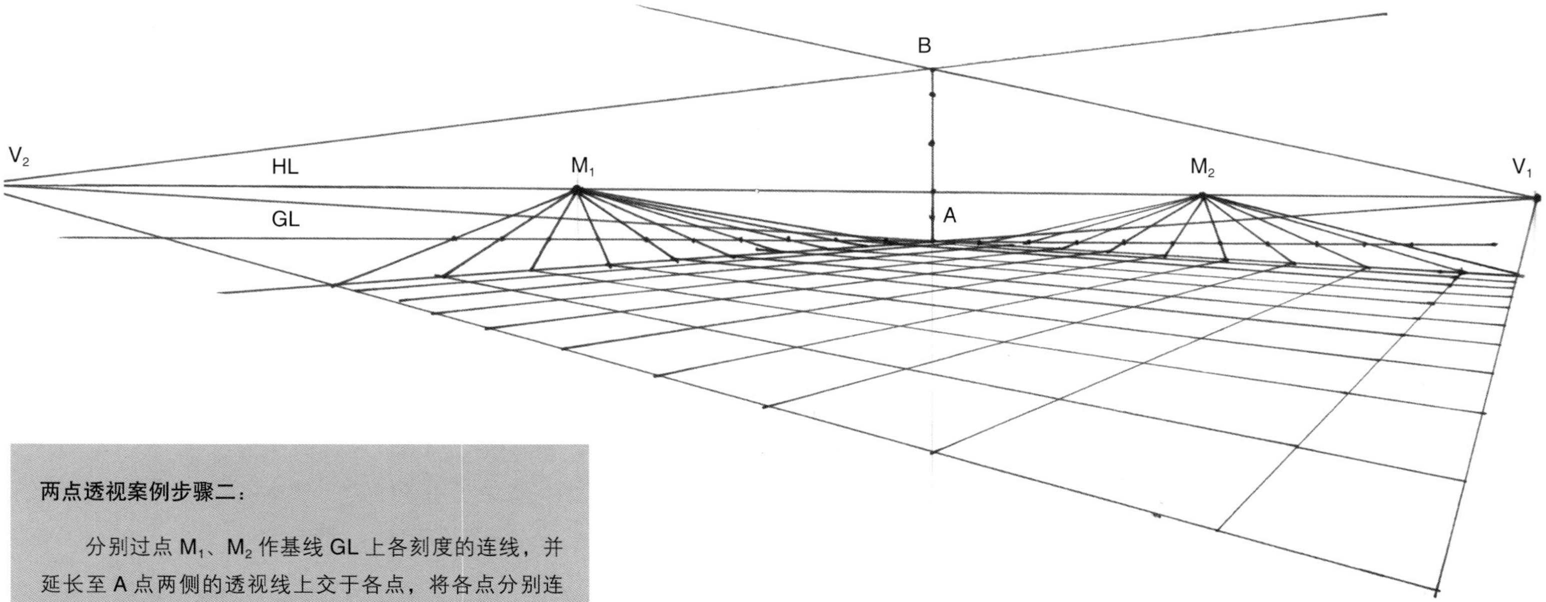

两点透视案例步骤二：

分别过点 M_1、M_2 作基线 GL 上各刻度的连线，并延长至 A 点两侧的透视线上交于各点，将各点分别连接 V_1、V_2 并反向延长，形成地面透视网格。

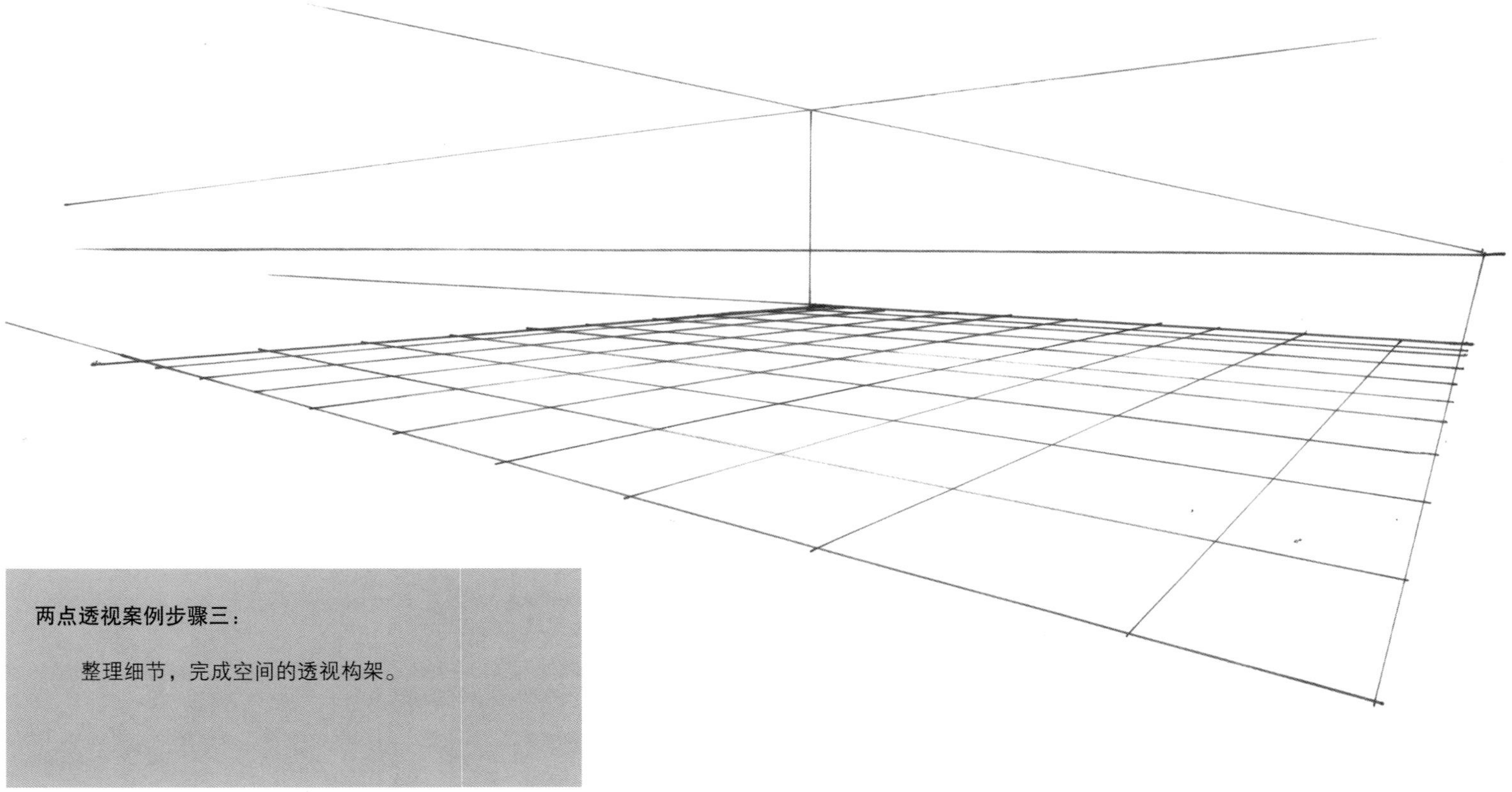

两点透视案例步骤三：

整理细节，完成空间的透视构架。

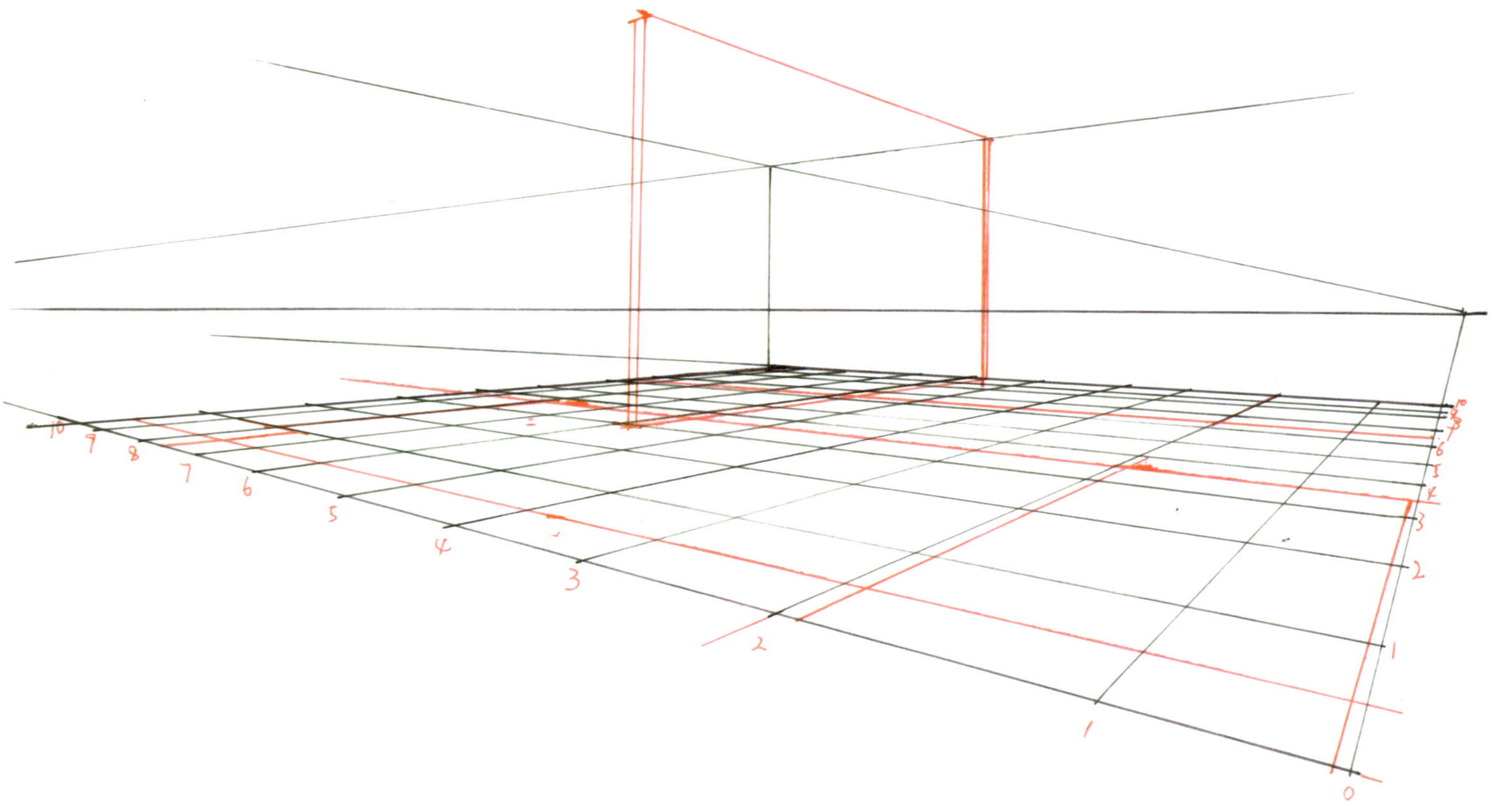

两点透视案例步骤四：

按平面图中的各物体的坐标位置，在透视图中找到相应的地面投影。

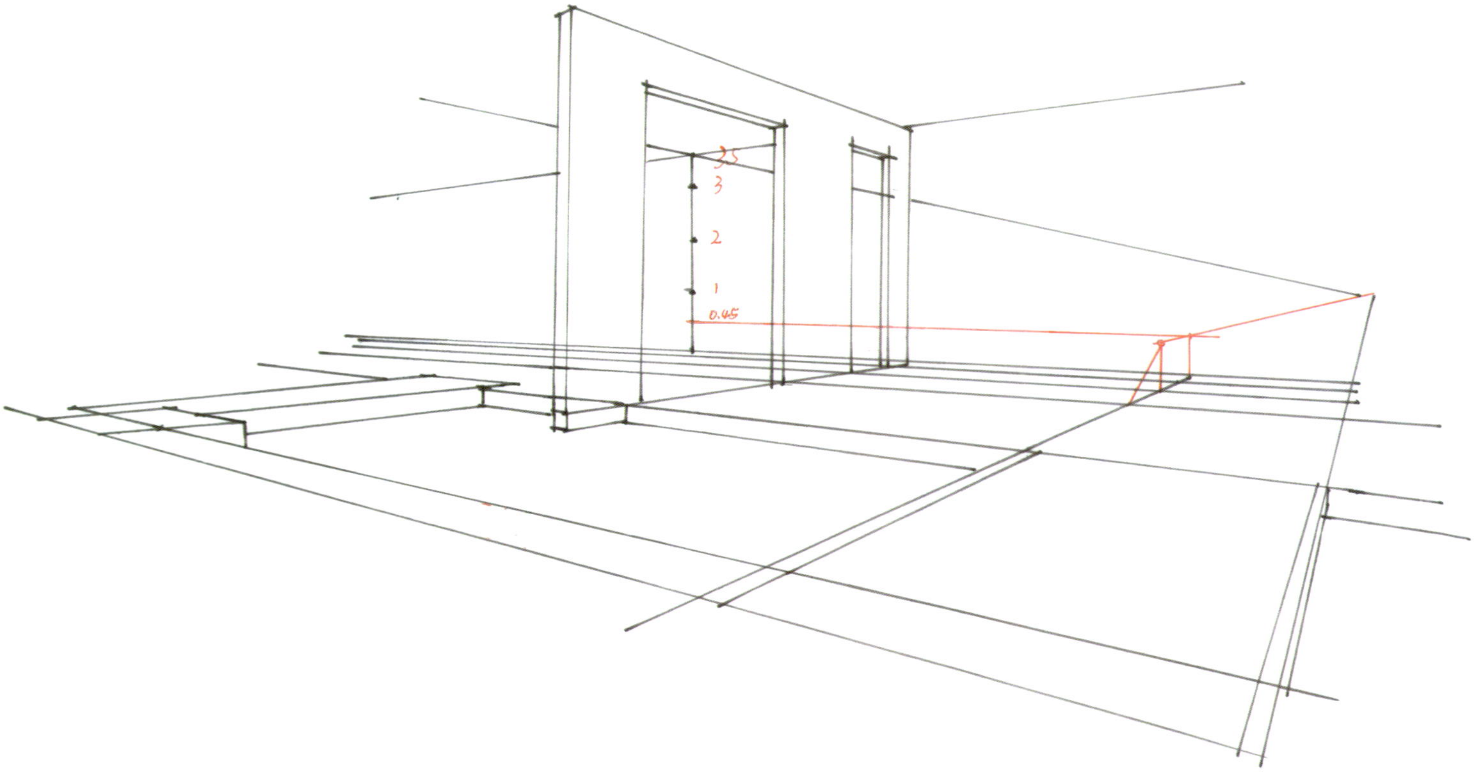

两点透视案例步骤五：

整理细节，完成空间的透视构架，在真高线上寻求景墙、花坛、水池等高度。

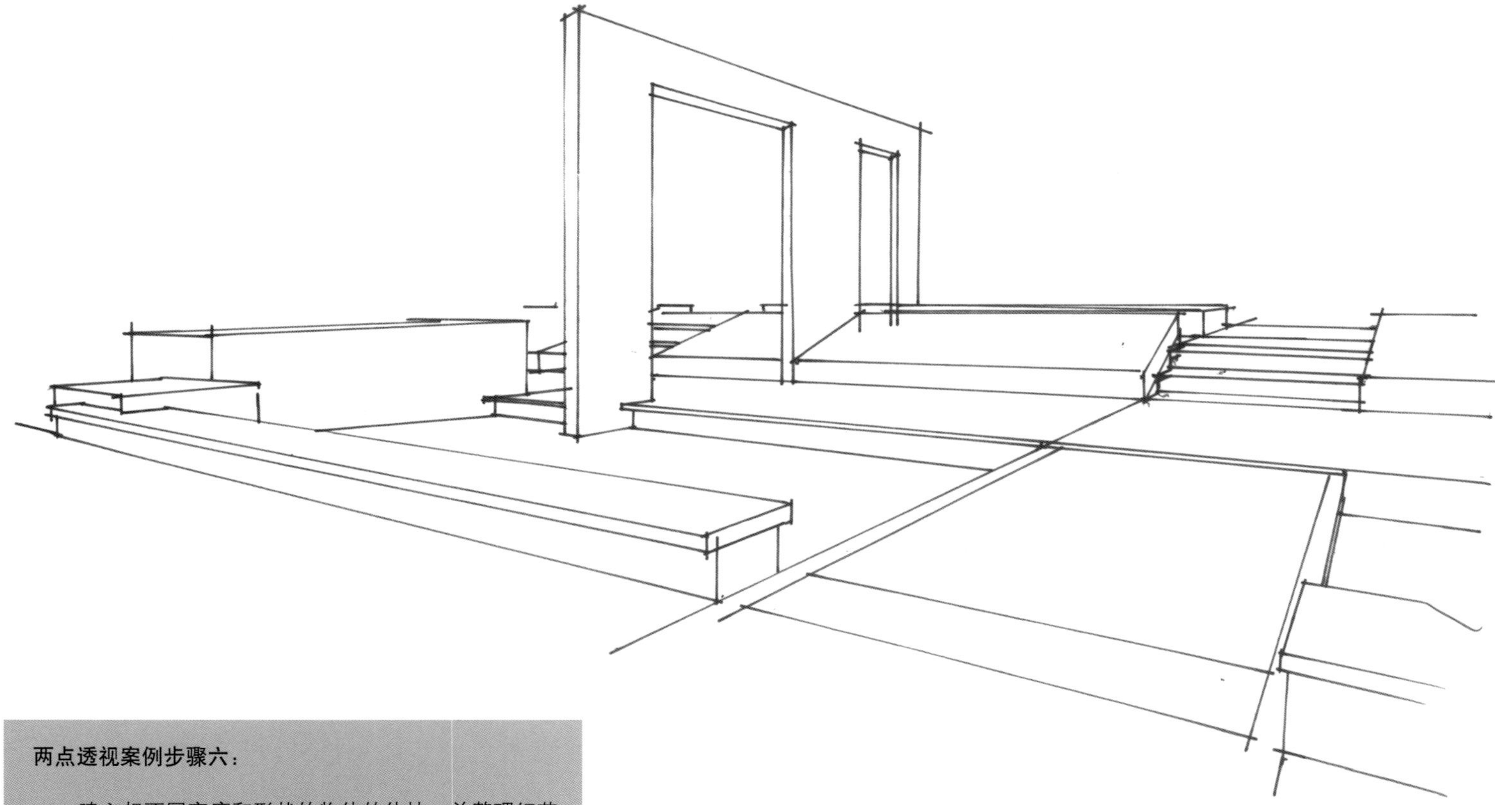

两点透视案例步骤六：

建立起不同高度和形状的物体的体块，并整理细节。

两点透视案例步骤七：

根据平面图，勾画出环境草图。

两点透视案例步骤八：

在草图的基础上，细化完善丰富空间透视图。

三、鸟瞰图解析

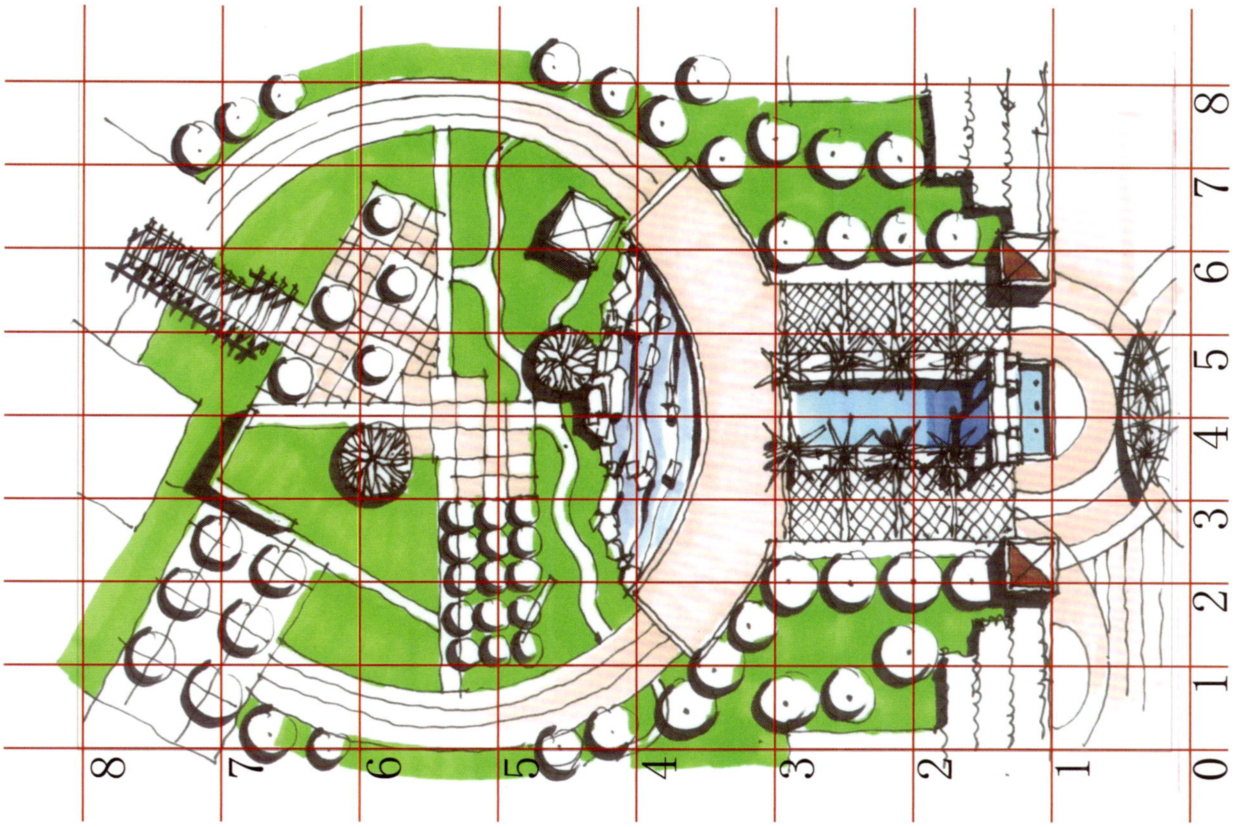

鸟瞰图解析案例步骤一：

把平面图划分成大小相等的网格，标上坐标，方便明确平面图中各点的坐标位置。

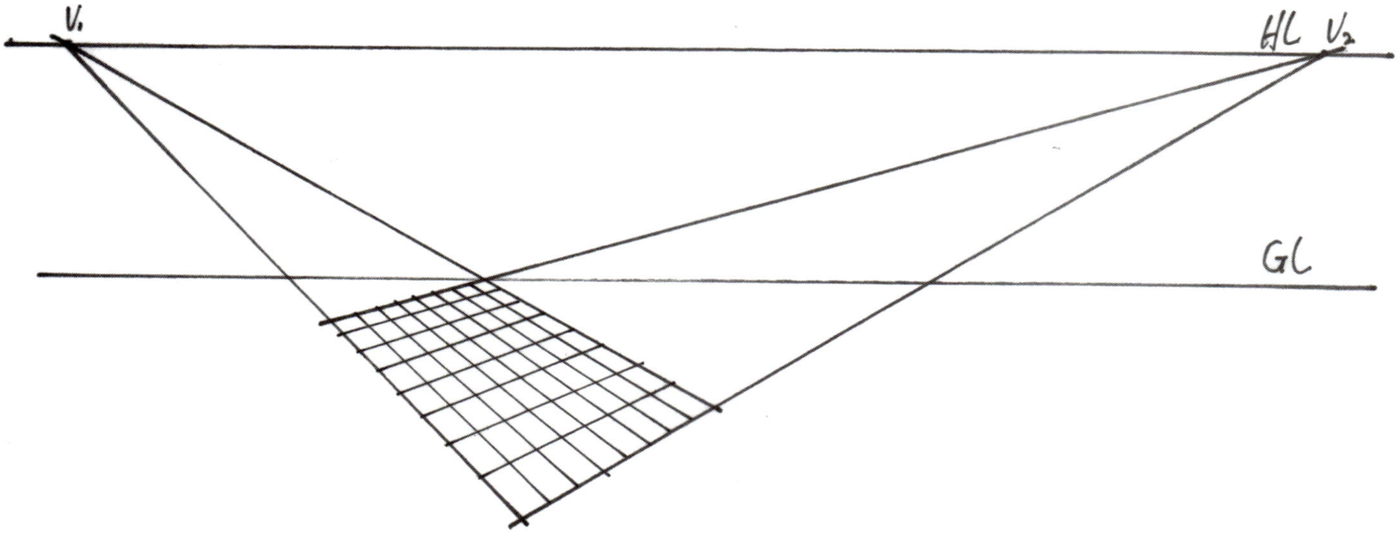

鸟瞰图解析案例步骤二：

一般鸟瞰图采用两点透视居多，按两点透视原理，画出整个平面图地形，并按透视近大远小分成坐标网格。

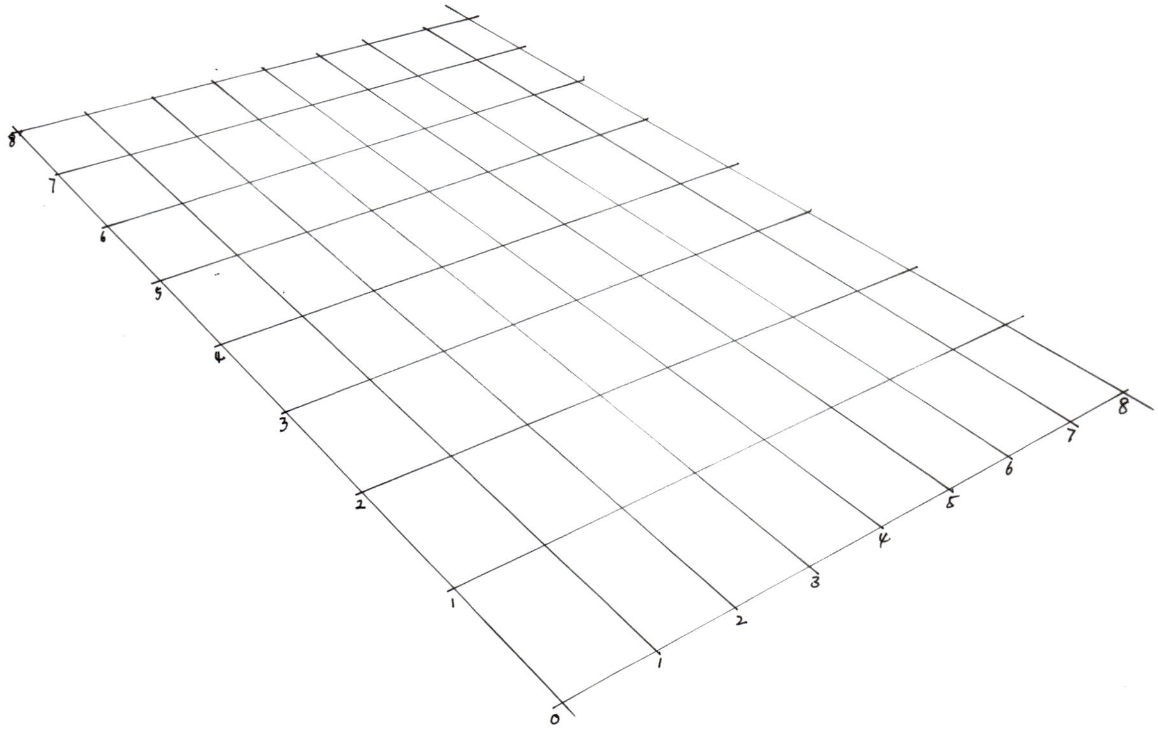

鸟瞰图解析案例步骤三：

整理细节，放大地形透视坐标网格。

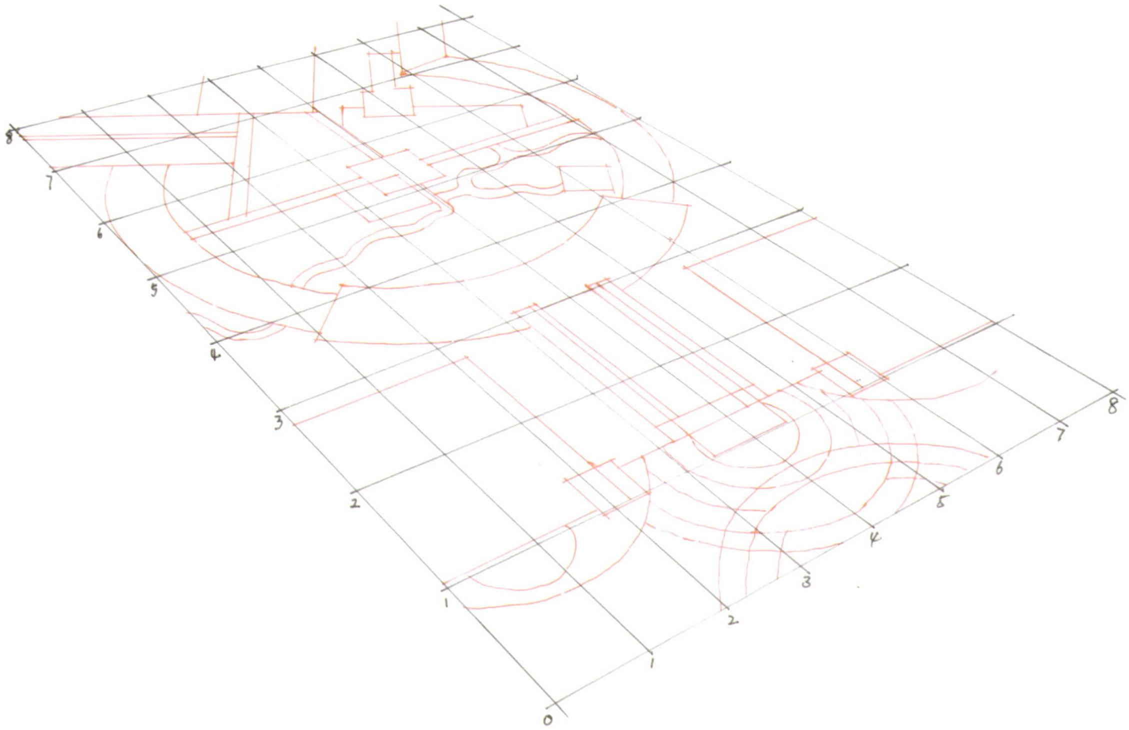

鸟瞰图解析案例步骤四：

按平面图中的各物体的坐标位置，在透视坐标网格中找到相应的地面位置。

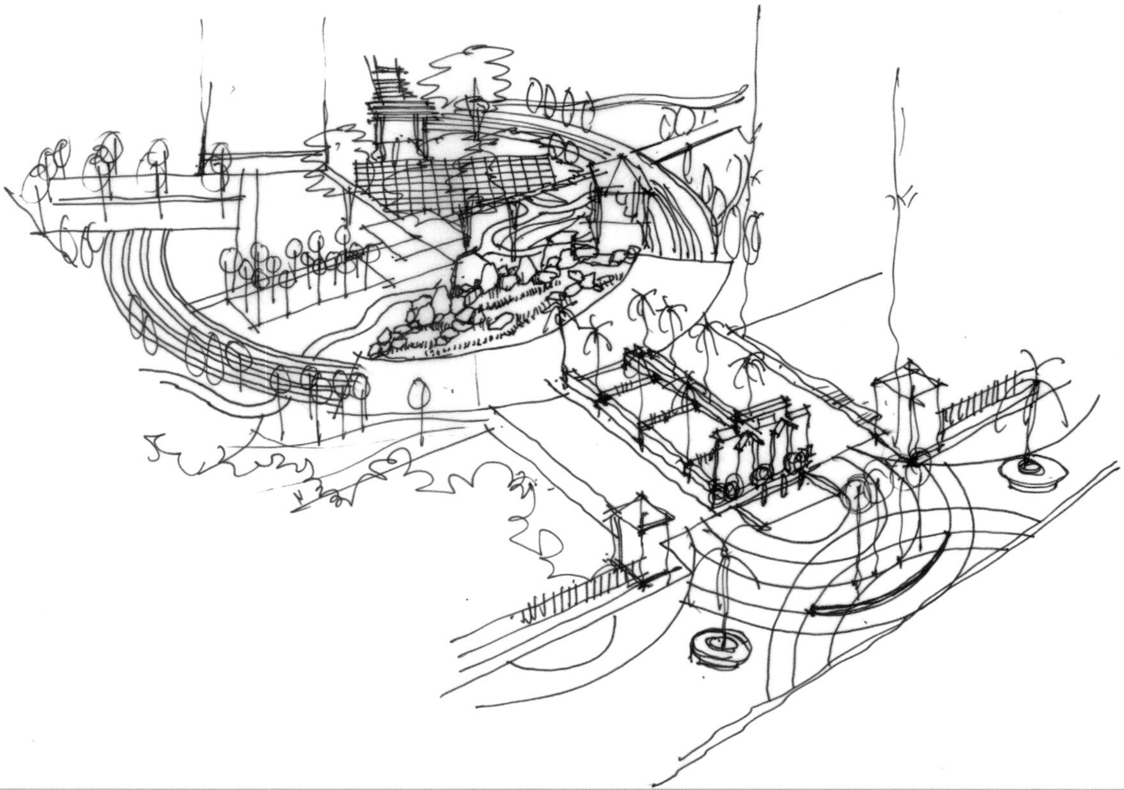

鸟瞰图解析案例步骤五：

建立起不同高度和形状的物体的体块草图。

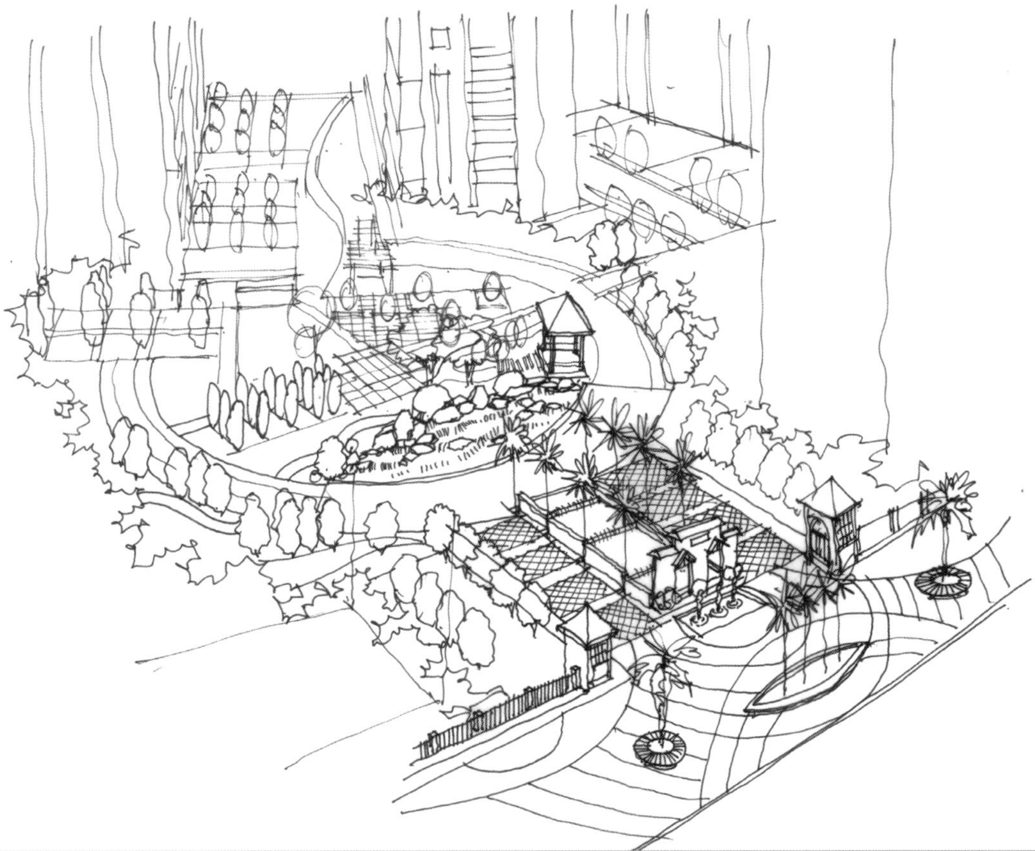

鸟瞰图解析案例步骤六：

在体块草图基础上，细化草图的细节。

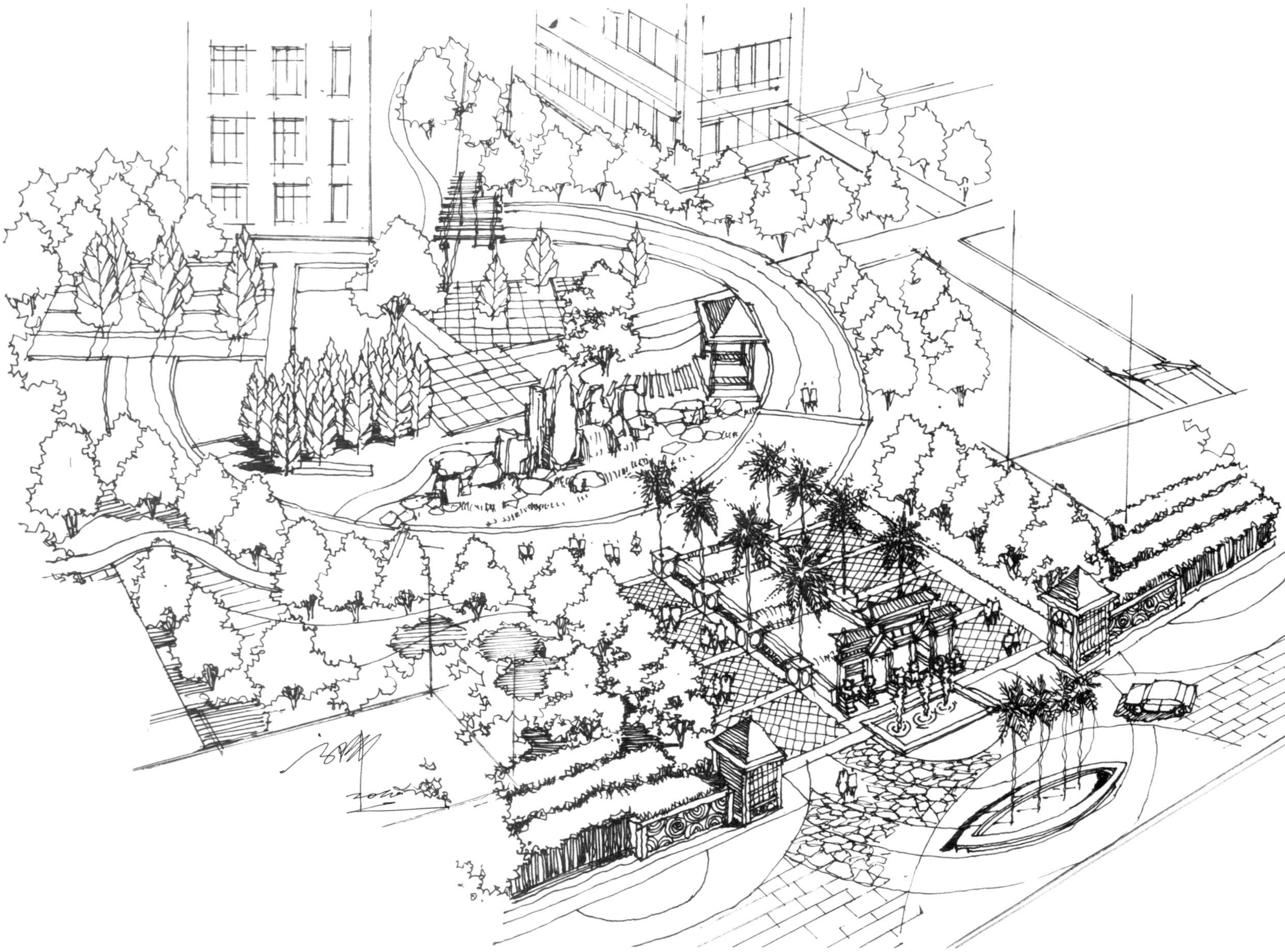

鸟瞰图解析案例步骤七：

在草图的基础上，细化植物和材质。

四、多点透视原理及实际案例表现

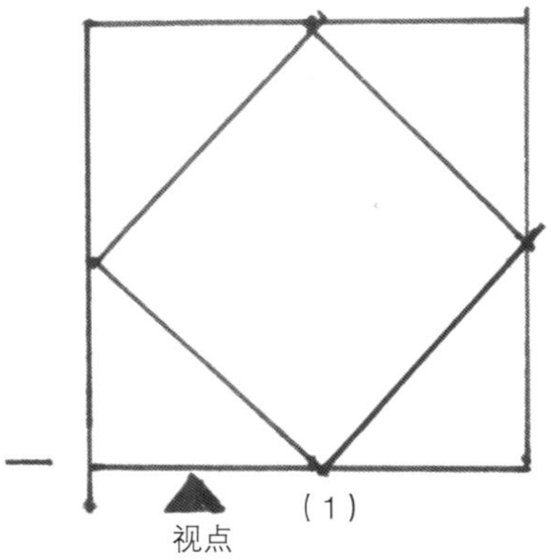

(1)

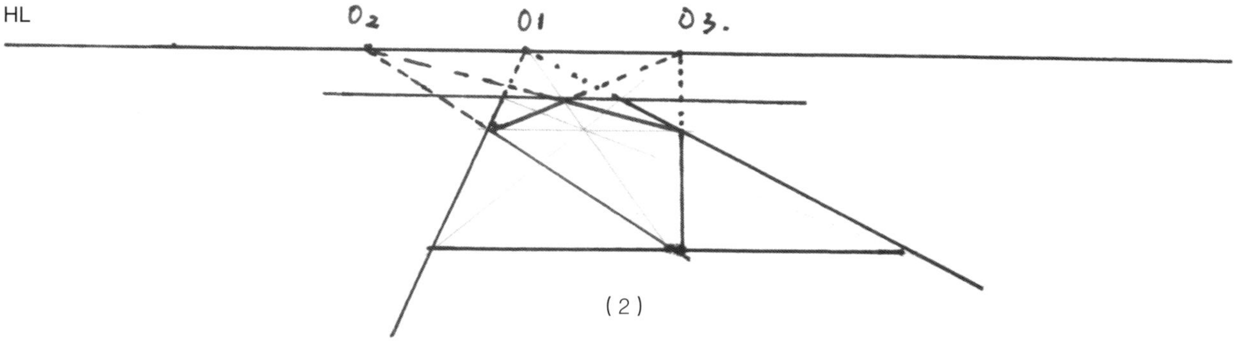

(2)

多点透视原理：

多点透视其实就是多个一点透视，或多个两点透视，或一点透视和两点透视相结合。如平面图中视点的位置，所形成的效果如图(2)所示：形成一个一点透视和一个两点透视，但各消失点必须同处于视平线(HL)上。

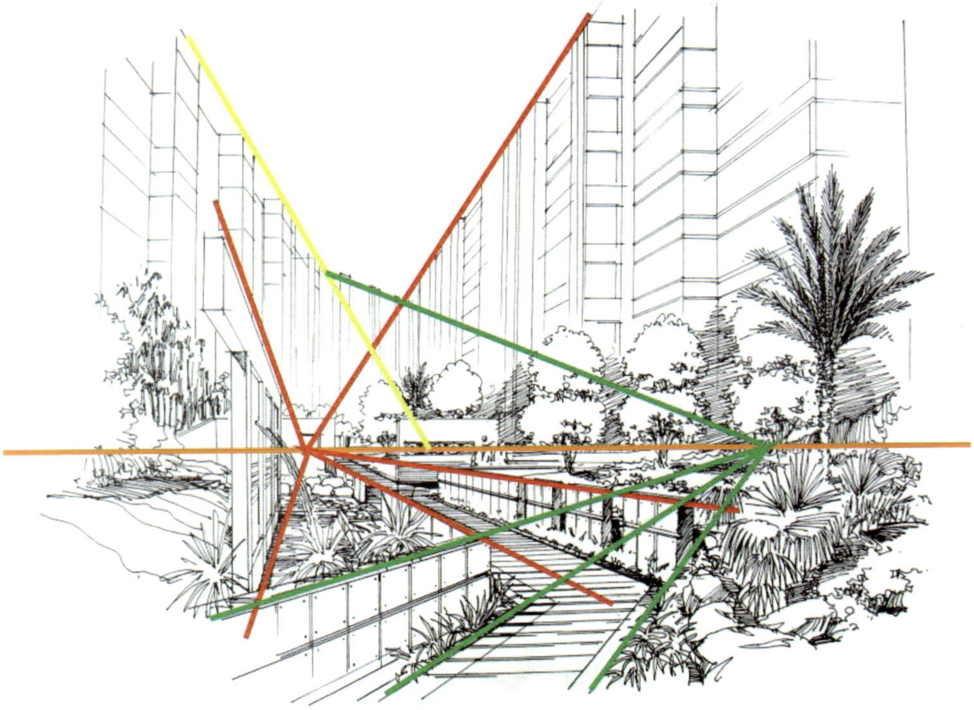

本张图就是一个典型多点透视的案例，由于在平面图上物体之间的方向不同意而产生变化。

五、实际工作中常用的经验画法案例表现

在实际的学习工作中，我们完完全全用尺规作图是很少的。尺规作图是打下扎实基本功的重要环节，然而其要花费大量的时间和精力，在实际应用中较为吃力，因此掌握景观中各种透视的精准透视方法显得尤为重要。我们可以采用快速表现方式，即实际应用中的经验画法，也就是根据视平线高度大致画出草图轮廓，再逐步细化，这一步骤是重要初学者通过大量的时间和练习来不断积累的，在这个过程中切勿过于急躁，否则欲速则不达。

（1）公园小景

A 案例步骤一：

根据平面图布局，画出景墙、水平台以及亭子的大体位置，用线勾勒出植物的高度。

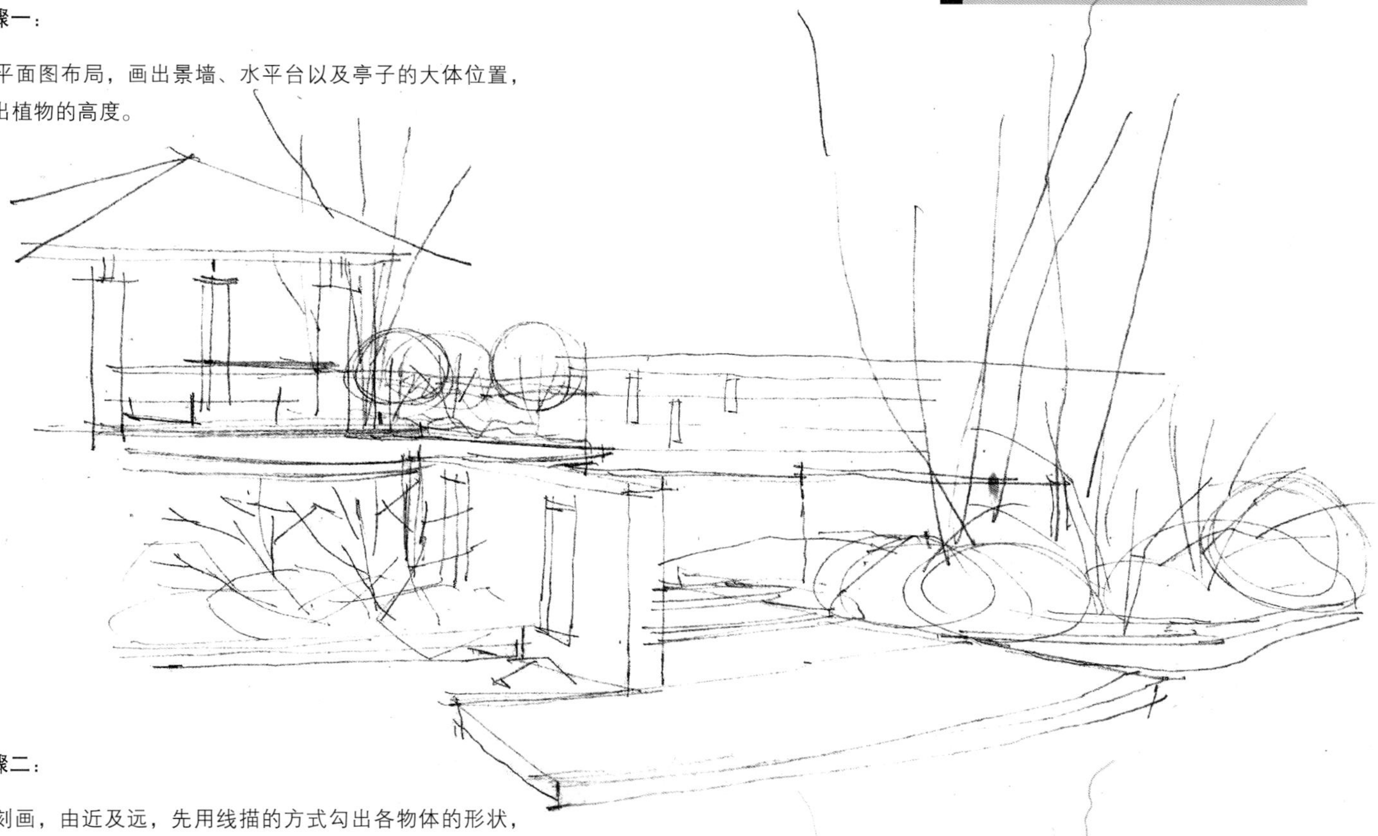

A 案例步骤二：

深入刻画，由近及远，先用线描的方式勾出各物体的形状，切勿在开始时就大面积的运用排线方式画明暗调。

A 案例步骤三：

加强视觉中心点物体的细部刻画。

A 案例步骤四：

调整画面，拉开前后空间关系。

（2）茶楼景观

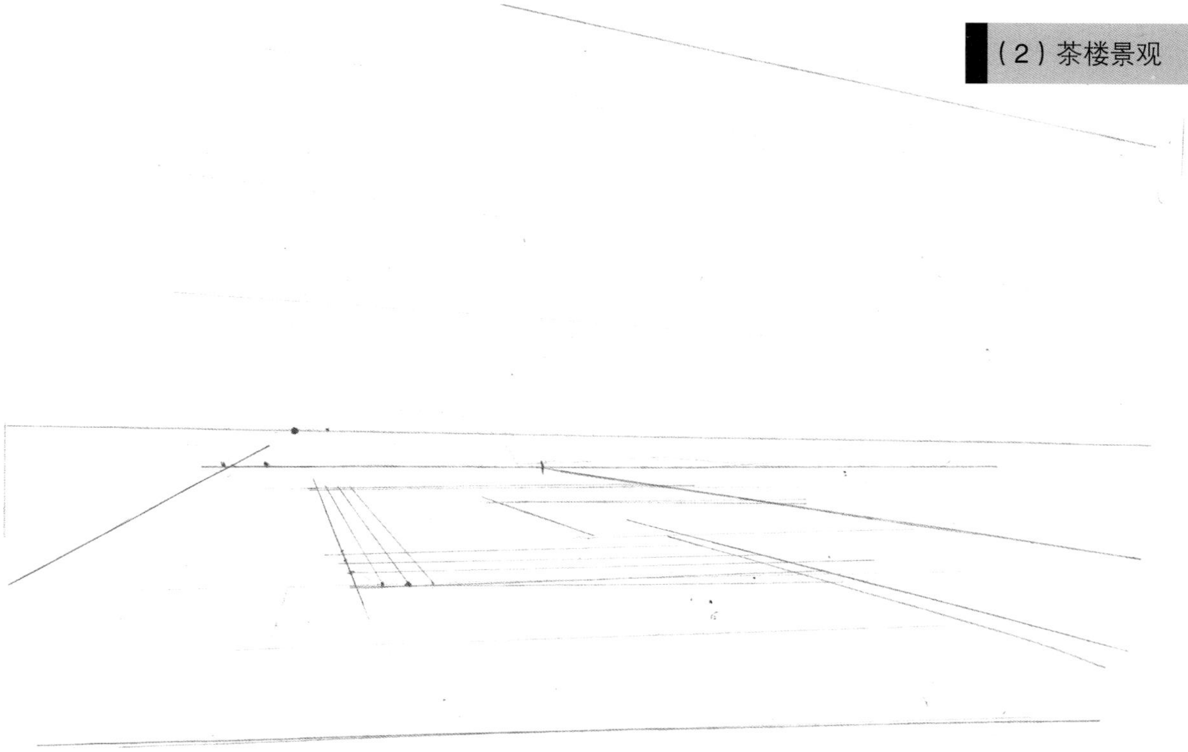

B 案例步骤一：

该方案为茶楼前的广场。定出地平线、消失点的位置，把地平线压低，画出地面平面大致位置，踏步的位置也区分开来。

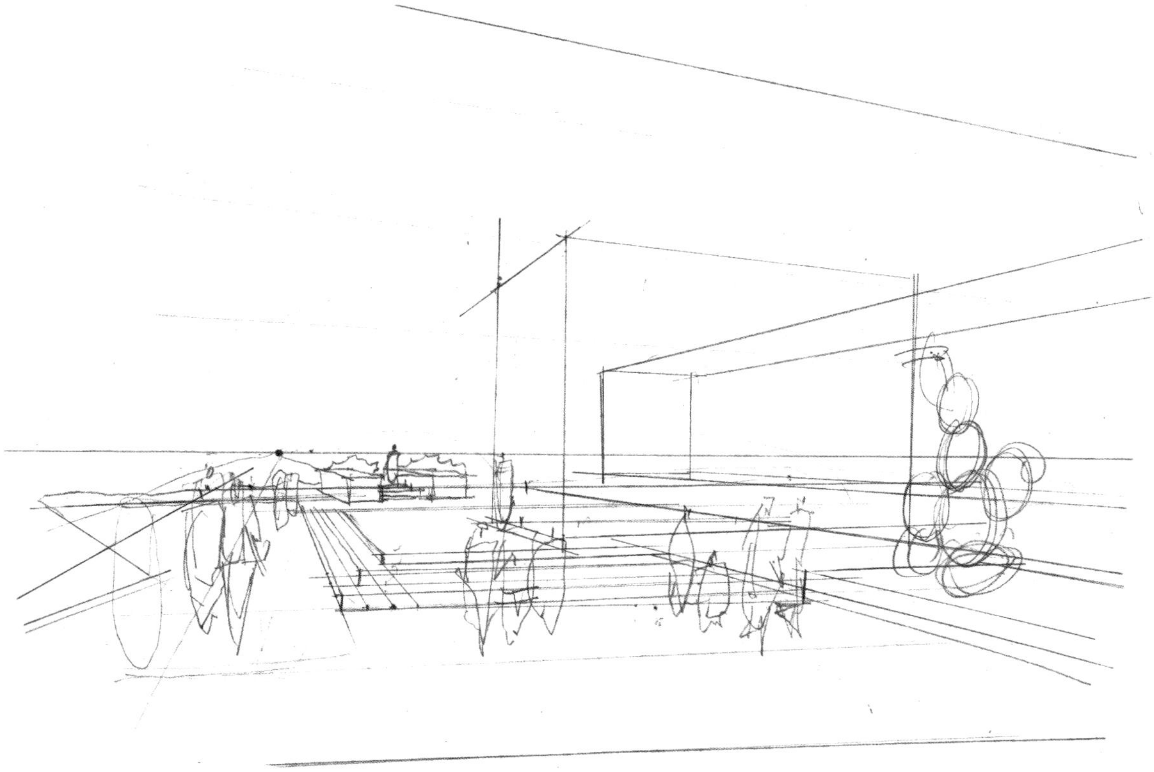

B 案例步骤二：

依据消失点的位置，立出茶楼的基本体块和位置；立出花坛及周围绿篱的高度，画出植物以及人物的大致轮廓。

B 案例步骤三：

由近及远，逐步细化，可使画面线条不至于重复，注意人物的比例关系。

B 案例步骤四：

画植物时，拉开前后层次，做到前实后虚。

B 案例步骤五：

调整画面，加强视觉中心点的对比度，若画面太空，可在远景处适当加上建筑。

(3)街景步骤

C案例步骤一：

根据透视及构图原理，分别找出视平线、地平线、消失线及外轮廓的纵深线条，区分休息区和人行道的位置。

C案例步骤二：

用铅笔大致定出花钵、阳伞以及右侧列植的大致位置及高度。简单画出人物的轮廓，丰富画面。

C案例步骤三：

用线描的方式找出各个物体的结构，标准透视，区分各树种间的空间。

C 案例步骤四：

完善画面。根据场景性质要求，画出适合场景的元素，如建筑、路灯等，简明扼要的表达出建筑外轮廓即可。

（4）亲水平台步骤

D案例步骤一：

该方案中，由于楼梯与亲水平台不是平行关系，因此是个多点透视。楼梯对应的是左边的消失点，亲水平台对应的是右边的消失点，两个消失点必须保持在同一视平线上。

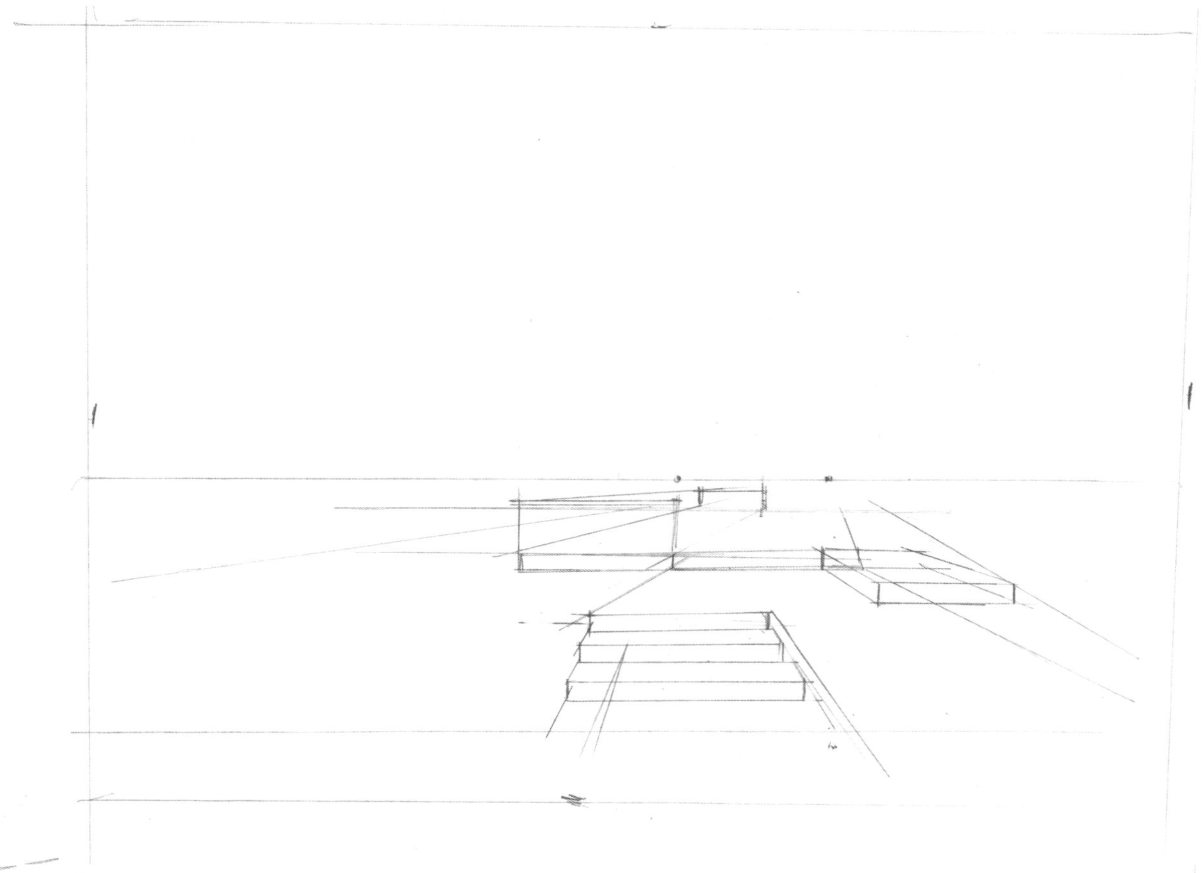

D案例步骤二：

根据场地用地性质，用铅笔勾画出大致轮廓。

D 案例步骤三：

再画出各个人物动态及场景，更富有生机。

D 案例步骤四：

水纹倒影处理时，可用平行的线条，由上到下，由密到疏地排列出来。

D 案例步骤五：

调整画面。注意铺装的刻画以及投影的位置方向。

（5）停车场绿地步骤

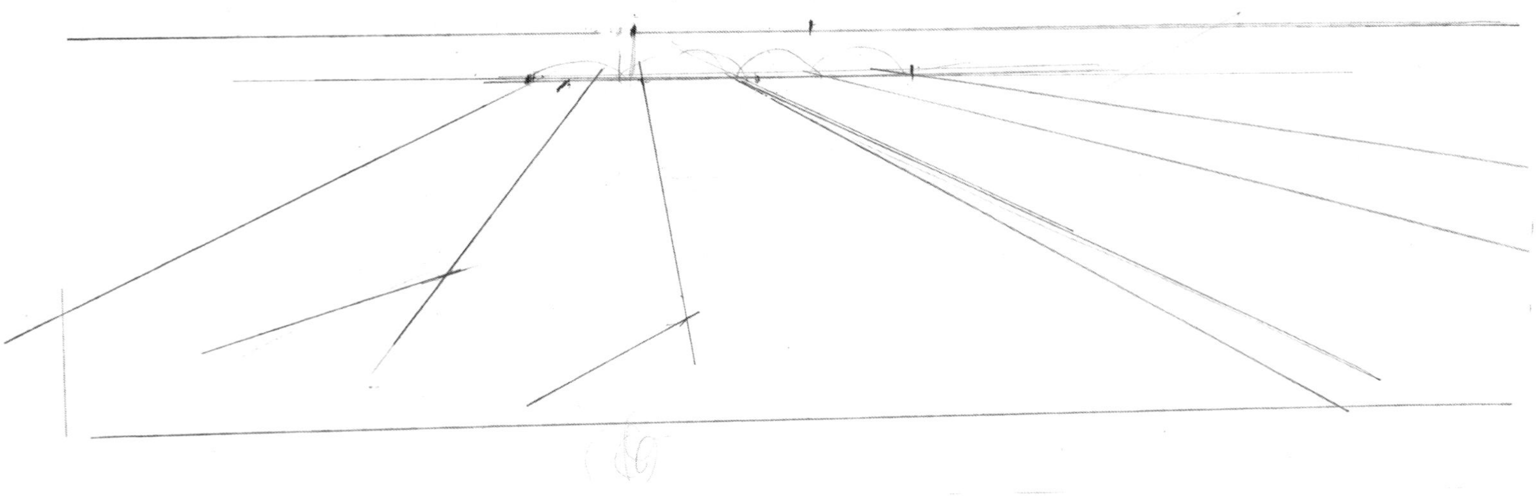

E 案例步骤一：

该方案为停车场绿地设计，选点不宜选在道路的正中央，避免画面过于呆板，因此，消失点往左或往右偏移。

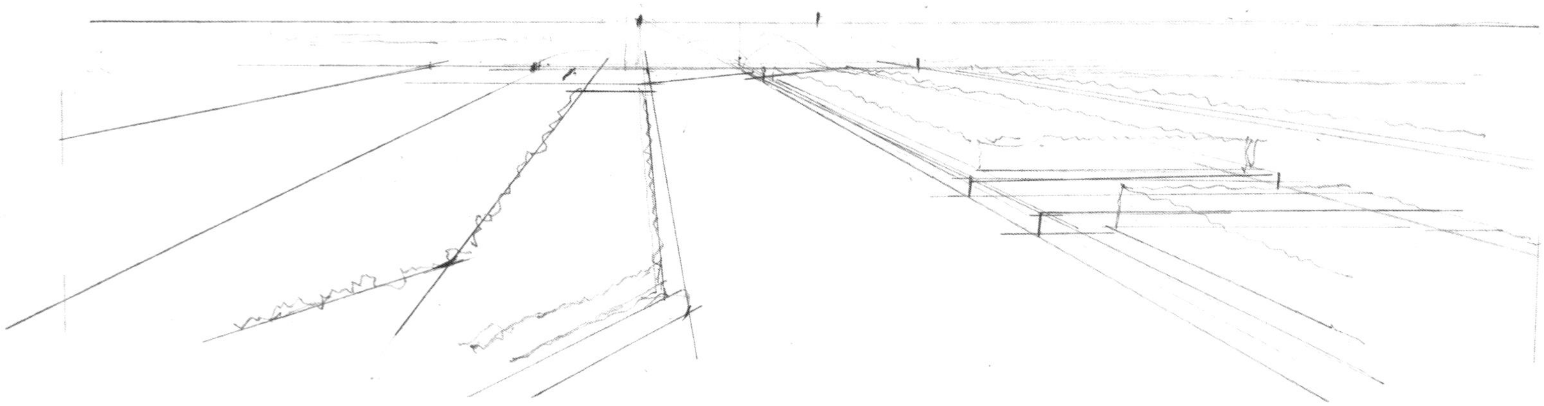

E 案例步骤二：

拉出花圃及绿篱的高度。

E 案例步骤三：

根据植物配置表，勾勒植物的轮廓，添加人和车，加强画面空间尺度。

E 案例步骤二：

逐步细化。

E 案例步骤五：

完成稿，调整画面的主次关系。

(6)小区景观一点透视

F案例步骤一：

定出消失点、视平线及地平线位置关系，画出近景的体块关系。

F 案例步骤二：

沿着透视的方向，画出各个物体的透视关系，由近及远，注意虚实处理。

F案例步骤三：

丰富墙面材质及周围环境，强调棕榈的透视，使空间透视感更加强烈。

第三节

马克笔技法专项练习

一、马克笔及彩铅技法介绍

二、景观材质表现

景观材质是美化景观手绘效果图的重要部分，也是清晰的交代设计元素的表现方式，实际当中景观材质多种多样，如：水、石、铺装、木材、玻璃、钢材等，需要同学们耐心认真的收集，本章仅表现一部分材质，供大家参考。

喷泉

铁艺

石材汀步

玻璃（一）

玻璃（二）

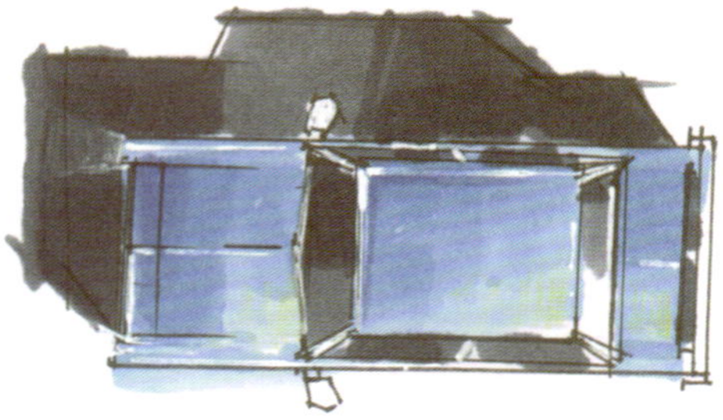

要表现木材透亮、干净的效果时，先用较为亮丽的颜色，快速平涂，待颜色干时，再用同一只笔或者略微深一些的马克笔竖向涂色。

冰裂纹石材刻画时，可先铺上一层彩铅，然后间隔穿插的用马克笔加深石材。

浮雕石材是凹凸感较强的硬质材质，因此必须强调厚度，背光面可用双线表达。

三、上色步骤

(1)中心花园景观步骤

A 案例步骤一：

先给定一个光源方向，画出简单的投影和背光面，用彩铅简单着色，把握整体色彩搭配。

A 案例步骤二 ：

整体着色，注意近实远虚。

A 案例步骤三：

细化层次和氛围，前景中的条石“凹凸”面可以用干枯的马克笔笔触来表达石头的棱角和块面。

A 案例步骤四：

石材、木质、水体是这幅图主要表现的对象。

石材棱角分明，硬朗。木质地面留出高光，加深环境的倒影。水体的喷泉溅出的水花留白，这样抓住每个物体的主要特征，比较容易表现。

A 案例步骤五：

加强黑白灰层次对比，再次加强投影，简单表现远景，整幅图材质明显，前后空间层次丰富。

（2）商业街景观马克笔表现步骤

B 案例步骤一：

先给定一个光源方向，画出建筑和人的投影，特色商业街街景采用暖色调，简单给建筑背光面铺满颜色，玻璃窗也简单平铺下蓝色。

B 案例步骤二：

整体铺色，加强建筑受光面和背光面，加深投影。

B 案例步骤三：

用黄色彩铅表现受光面，建筑的体量感和光感得以显现，深入建筑立面层次，休闲伞和椅子简单铺色，前面的阳伞和椅子也大致区分一下受光和背光面。

B 案例步骤四：

细分层次，街景中的人物占据很重要的角色，人物上色时，可以选择画面中主要人物塑造，然后再刻画次要人物，最后用简单平铺方法表现远处人物。

B 案例步骤五：

最后进行画面调整，用淡蓝色彩铅表现天空中的云彩，注意前面云彩大，后面云彩小，且虚化处理。

（3）鸟瞰景观图马克笔表现步骤

C 案例步骤一：

用蓝色彩铅将水体平铺上色，水平方向运笔，岸上的物体倒影处，有意识加重，定出光源方向，画出投影。

C 案例步骤二：

考虑好效果图的色彩搭配和实际中物体材质的固有色，简单整体铺色，表现出大概色彩。

C 案例步骤三：

加强投影，更能表现出强烈的光照效果，水体的表现不仅要考虑到水体自然柔和，并适当刻画倒影和水纹。

C案例步骤四：

受光面用亮黄色更好表现出光感，画面中心的墙体可以细致深入刻画，细致石材，注意刻画植物受光照影响，冷暖层次，人物和阳伞、桌、椅可以简单铺个色彩，椅子可以细分受光、背光面。

D 案例步骤一：

先用彩铅，对草坪灌木的亮面及地面涂上底色，能使大面的涂色有层次变化。

（4）生活区亭子效果步骤

D 案例步骤二：

用马克笔大面积铺出前景，适当区分植物之间的色相和空间层次。

D 案例步骤三：

细化地面材质，分清冷暖关系，加强植物之间的空间关系。

D 案例步骤四：

进一步细化亭子质感，区分前后关系，适当交代远景的层次关系。

D 案例步骤五：

可用 AD167 号或 Touch185 号大面积晕染出天空，连接左右两景观。

（5）鸟瞰图上色解析步骤

E 案例步骤一：

草地占有很大面积，考虑到近实远虚，近暖远冷，前面草地用偏黄绿的马克笔表现，后面草地用偏蓝绿的马克笔平铺。

E案例步骤二：

给出投影，注意地面材质的表现，可采用先平铺再重点刻画的方法。

E 案例步骤三：

树木上色，注意前后虚实，喷泉跌水注意在流动水体表现时的留白。

E 案例步骤四：

加强明暗关系对比和投影的前后虚实，加强树木的层次和体积关系。

E案例步骤五：

深入刻画，加强整体的虚实对比，用黄色彩铅表现受光地面，简单的表现人物，生动画面。

（6）公共景观小景表现步骤

F 案例步骤一：

先考虑好效果图的颜色搭配和实际中物体的固有色，简单整体着色，表现大概场景。

F 案例步骤二：

确定一个光源方向，加深水体的着色，分清物体的受光面和背光面，处在前景时受光面和背光面对比强烈，处在中景和远景时受光面和背光面对比逐渐减弱。

F 案例步骤三：

细致表现各种材质，景墙后面植物可以加深，以衬托景墙，远景建筑虚化表现，这样前中后层次明显。

（7）公园小景表现步骤

G 案例步骤一：

根据物体固有色上色，并考虑好在效果图中的色彩搭配，简单着色，木质亲水平台注意留出反光。

G 案例步骤二：

景墙铺砖可以运用马赛克的表现方式，前景植物上色时注意表现出体积感。

G案例步骤三：

中景的红色景墙和绿色植物的反衬下，更能增加画面的冲击力。

G案例步骤四：

细致刻画前景中的各种植物，远景植物药弱化层次，用色偏冷、偏淡，远处的背景更能起到衬景的作用，应使整个图面协调统一。

（8）公园小景（二）表现步骤

H 案例步骤一：

用淡蓝色来表现清澈的水池，让整幅图的中心突显出来。

H 案例步骤二：

按植物种类适当搭配颜色，留出受光面，背光面加深，塑造体积感。

H 案例步骤三：

继续给整幅图的植物配色，用彩铅来刻画石铺小路。

H 案例步骤四：

加强前景水体，细化植物层次，并同时考虑前后植物的虚实，远景的建筑和天空可以简单表现，以突出前景。

（9）小区局部表现步骤

| 案例步骤一：

先用彩铅铺上大概色调，以方便我们对整幅图色彩搭配的把握，前景草地和后景草地冷暖要区分开来。

| 案例步骤二：

在对整体色彩搭配胸有成竹时，用马克笔上色时就不用怕画错。

| 案例步骤三：

用冷灰色来表现石材，加深石阶背光面，并用深绿色来画石阶投到草地上的影子，用冷绿色来表现远景植物。

丨案例步骤四：

中景的几棵大树，在表现时按球体塑造形体，前中后的层次也有所不同，广场地面可以用彩铅表现，容易表现地砖光滑反光的质感。

丨案例步骤五：

加强明暗对比，受光照的台阶面可以用暖黄色彩铅扫铺一层颜色，远景用淡蓝色云彩衬托。

第四章

作品欣赏

小区景观设计图

本图为一点透视，视点压得很低，着重突出水景，画面上，增加了很多人物，极大地拉开了空间效果以及增强场景氛围。

小区景观设计图

上色中要分面上、各物体之间颜色，保持统一，在统一中在找出细微变化，水景往外溅出的水花可在基本完成时用涂改液进行点缀。

综合楼局部景观

小区入口景观

香格里拉方案

该图主景刻画细致，与远景大块面积的刻画形成巨大反差，主次效果对比强烈，近暖远冷，符合色彩规律。

湖北路商业沿街景观

某亲水平台景观效果图

该图在 B4 复印纸上完成的，绘制分阶段完成，首先使用 2B 铅笔勾出透视图轮廓，然后细化透视图的细节，添加景观所需的树木，休息座椅，亲水平台，水景以及地面铺装等。

沿江景观效果

在这幅表现图里，在设计时将观景台从轮廓到细部精心组织，并仔细安排景观的主题元素，特别注重地面铺装的细节，来深加画面的局部细节，这样既能保证画面效果，又能提高自己的绘画技能。

入口广场

本项目为某大型步行街入口广场，立面廊架是本幅图的重点，因此，作者刻意的交代底面阴影以及廊架本身的阴影，周围的植物更能突出其重要性。

别墅景观入口

本幅作品用色大胆，冷暖对比强烈，近处植物用晕染的方式大面积表达，远处的植物用装饰线条的方式刻画，两种手法均是为突出主体景观。

综合楼入口景观

小区花园景观

厂区景观效果图

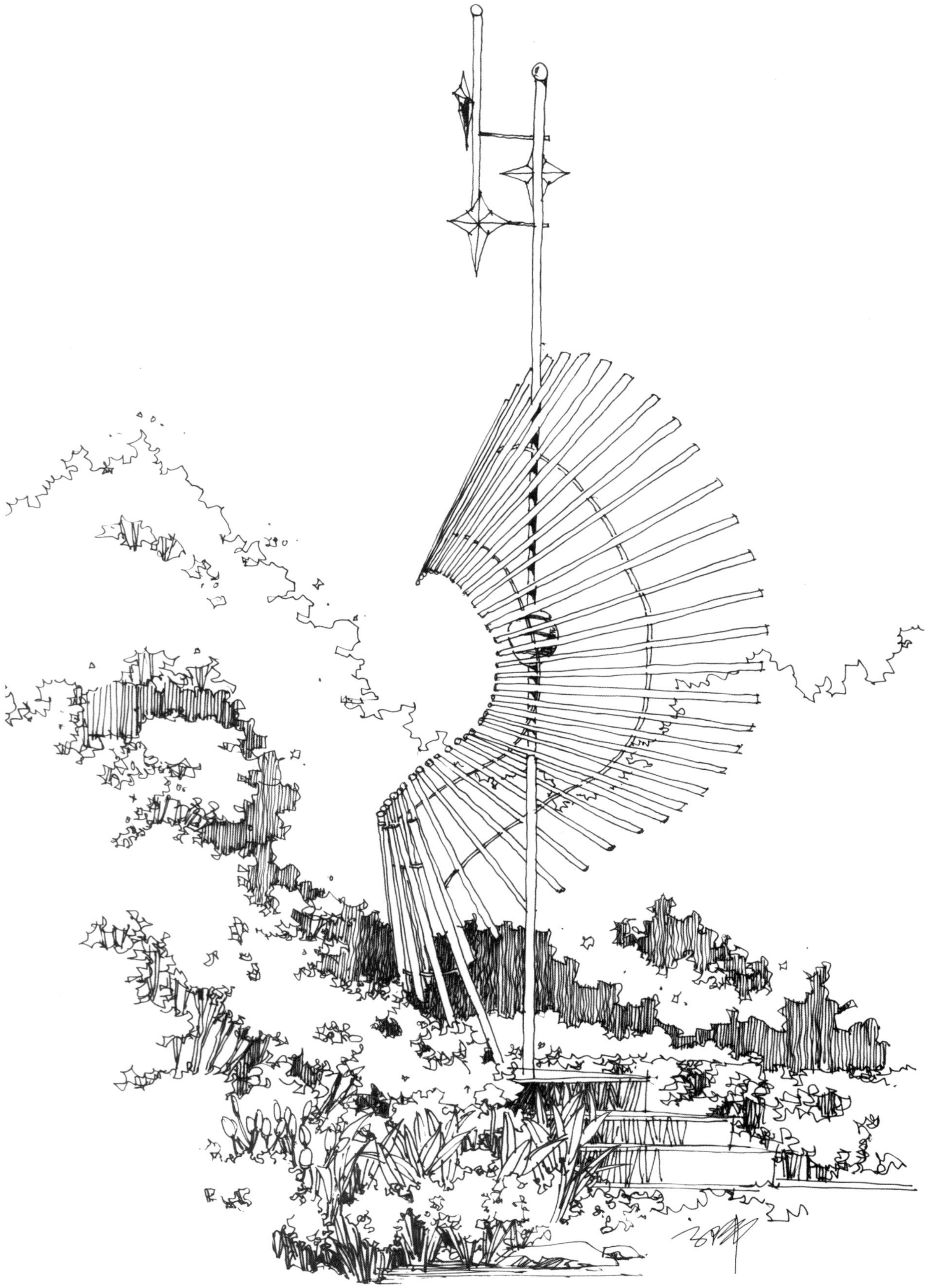

小区入口设计

该项目体现水岸生活文化，倡导都市人闲鸥野鹭，逍遥自在的生活方式；以化整为零的手法，摈弃大空间大广场概念，充分叠山理水，通过绿化、台地、亭子等围合出怡人的休闲空间，材质粗犷，质朴，再现回归自然景观。

公园中心景观效果图

中南路某综合楼前景观

小区休闲区景观

中心花园效果图

局部小景

本作品着重培养学生对细节的观察力，该图中木桥肌细清晰，质感突出。

小景表现中，要做到主次刻画得当，虚实相间，本图以中心植物组合进行展开，层次丰富。

中心广场鸟瞰图

围绕“泛蓝”的设计构思，突出均好的可实施性，强调点、线、面三者间的连接与融洽，其再景区功能上的划分，是分散性也是全面性的。因此设计师将居住区功能上的划分为：入口景观区、区内休闲区、运动健身去以及自然水景区等景区，因此，在刻画时，要注意道路系统的通畅性以及衔接好各个功能分区。

会所亲水亭效果

现代廊架效果图(一)

现代廊架效果图（二）

现代亲水平台效果图（三）

某景观长廊效果

本项目使用 B4 普通复印纸，绘画分阶段完成。

第一步：用铅笔勾勒透视图的大体轮廓。

第二步：用黑色签字笔绘制出所需景观轮廓，并添加细节，然后用橡皮擦掉铅笔线条。

第三步：用马克笔浅色上基础色，如大面积木质铺装，坡地具体画法更具个人喜好。

第四步：进一步深化渲染，并增加细节，直至成图。

城市休闲广场小景

庭院景观

在这幅表现图里，庭院景观中，使用大面积碎石铺装的效果来体现画面的重心，对光线以及阴影的组织也非常重要。画面紧凑，空间组织合理。

公园小景

在这幅表现图里，分清石材之间的空间关系是难点，因此人物在区分场景之间起到了非常大的作用。

会所前方案草图

该图为会所前景观设计草图，所需时间不需耗很长，能大致表达设计理念及基本位置即可。

武昌光谷广场

本图也为实际场景写生作品，位于武汉武昌区，鲁巷大洋百货，其圆球屏幕是该建筑的一大亮点。

中心花园方案鸟瞰图

要将设计意图充分表现出来，就要把画面的各个细节刻画得深入细致，比如空间关系要准确，画面层次要清晰，质感表现要到位。

滨水景观

我们可以把简单的场景复杂化，也就是说，若一个场景元素不够丰富的情况下，可通过细化植物、石材、铺砖、人物等方式来完成，当然这需要花费大量的时间和精力。

中心休闲广场效果图

该图为两点透视，其中有一个消失点在画内，因此运用好这个消失点，整张复杂的图就会很容易了。

沿河长廊效果图

鑫城国际中心景观效果图

空间绿地效果图

本幅图使用A4普通复印纸张，表现某空间绿地，整个景观线条流畅，洒脱的风格，材质、植物刻画清晰，让人一目了然。

沿江绿化带效果图

本幅图为沿江绿化带设计，设计新颖，主次关系明确，光感强烈统一，地面为深色铺装，上色时用笔肯定，一气呵成。最后可用白色细笔勾勒出勾缝，使地面透视清晰。

步行街广场效果

本案例为武汉光谷西班牙风情街效果图，西班牙建筑拥有非常优美的变化曲线，用红陶筒瓦以及铁艺窗等建筑元素营造出柔和、尊贵而充满质感的生活氛围，行人车辆等配饰丰富整个空间场景。

广场设计

广场是一个让人聚会休息的空间，同时亦是人们逃离城市喧嚣的地方。用巴赫金的话来说就是指“集中一切非官方的东西，在充满官方秩序和官方意识形态的世界中仿佛享有‘治外法权’的权利，他总是为‘老百姓’所有的。”而好莱坞无厘头喜剧电影广场风格所具有的也就是这种广场因素。

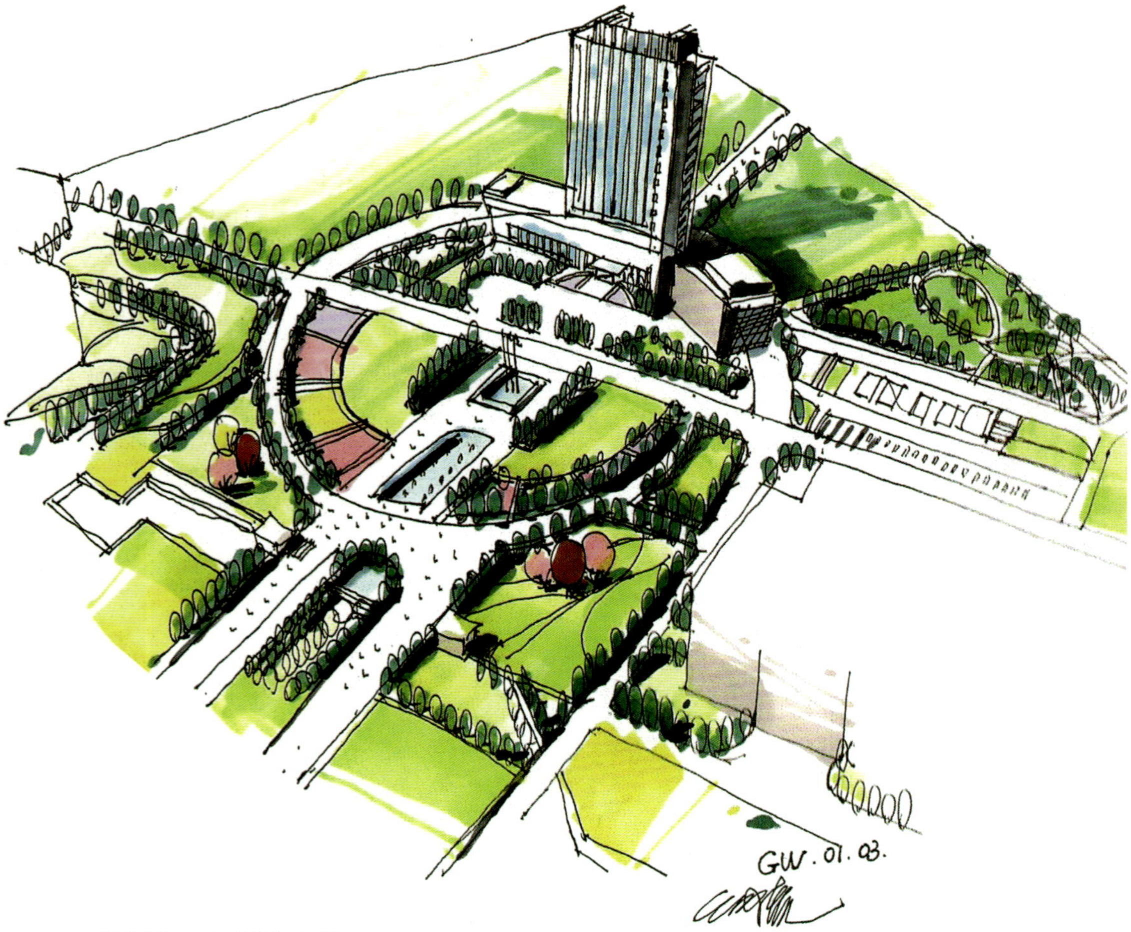

广场文化在体现了城市建筑、文化、人群与活动这些显著特征的同时，也体现了人们对大自然的亲近与回归。然而广场还有景观的需要，平淡无味的场地仍不能称为广场，罗马市政广场的雕像、协和广场的方尖碑和喷泉、圣马可广场的钟塔都是形成广场焦点的手段。

中心景墙效果

本幅图为小区休闲空间中的一部分，该图主要表现水景与景墙，喷泉的运用使整幅画面动静结合，松弛得当。

武汉某小区效果图

整个方案的环境设计丰富细致，通过不同的材质创造出具有韵律感的楼间环境，通过中庭四个亭子的烘托，准确表达了设计者的意图。

武汉某小区花园整体鸟瞰图

该方案小区外围是商务活动步行街，区位生活便利，环境优美，设计采用中国园林精髓与现代环境装饰艺术有机融合的设计风格，塑造一个天井、自然、环境优雅，空间、互动、人文交往自由融合的标志性精品社区。

某城市规划鸟瞰图

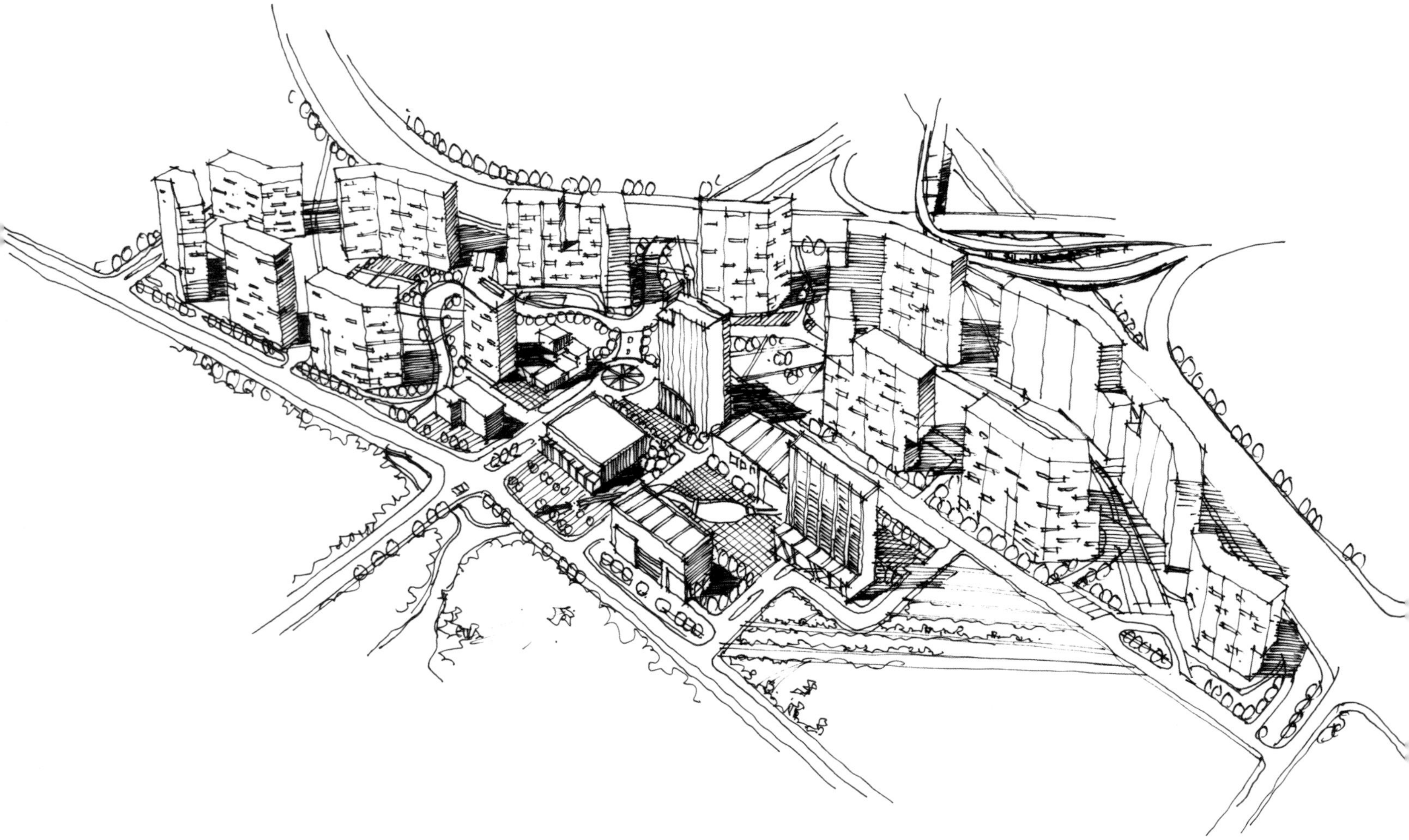

本项目按商、办、住的物业形态氛围文化休闲广场、文化商务大厦和文化公寓三大区域，整体构图饱满均匀，建筑细部和环境均表达出细致入微的效果，整体鸟瞰图气势恢宏，磅礴。

校园规划鸟瞰图

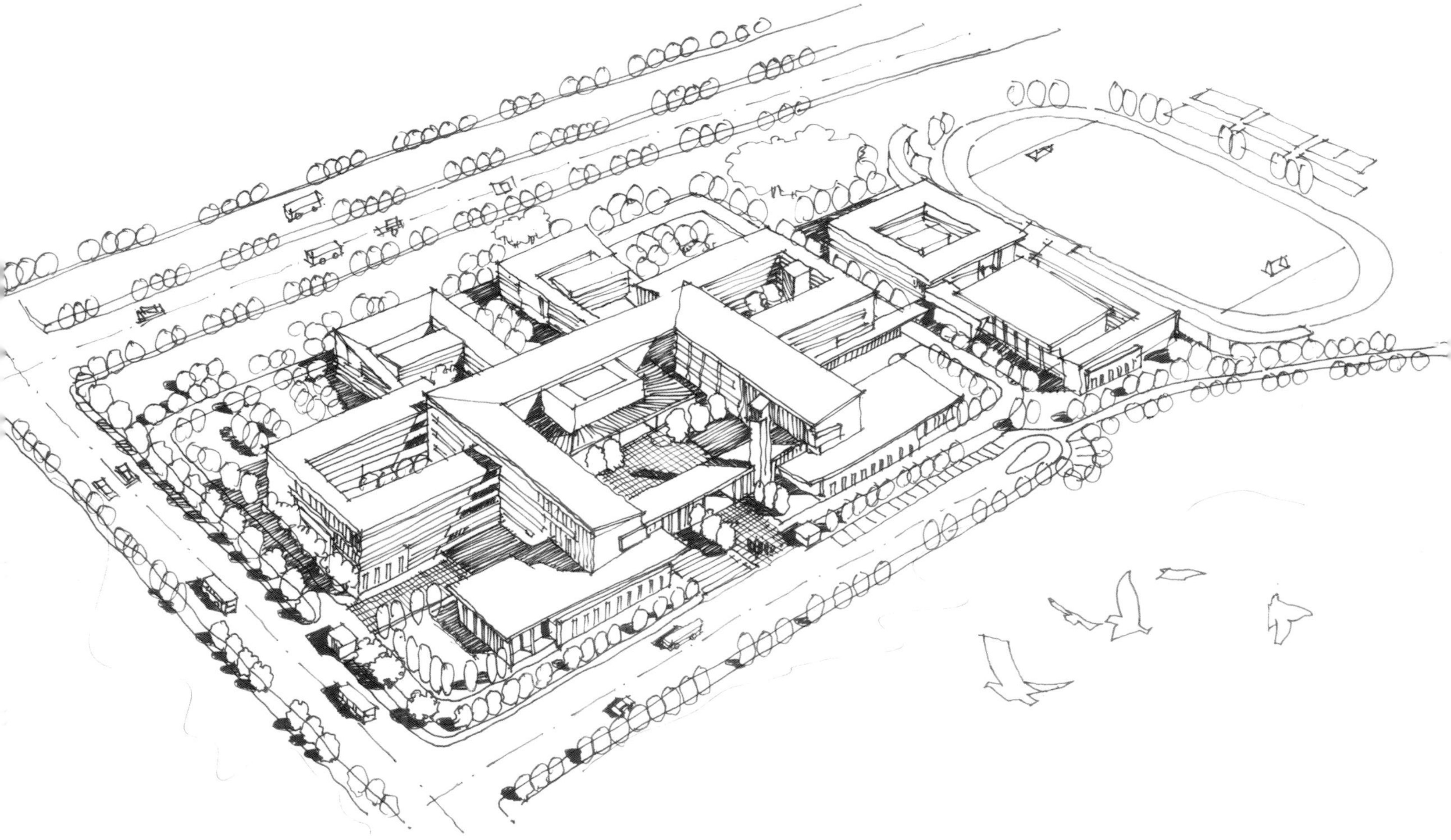

整个方案深切把握项目价值内涵，从文化、经济、社会产品等要素把握设计。并结合住宅的设计标准，努力营造健康的校园环境，创造愉悦性、归属感与标志性的地标景观设计，通过围合的形式，使铺装及景观的元素十分丰富，手法十分熟练细致。

广西某城市规划大型鸟瞰图

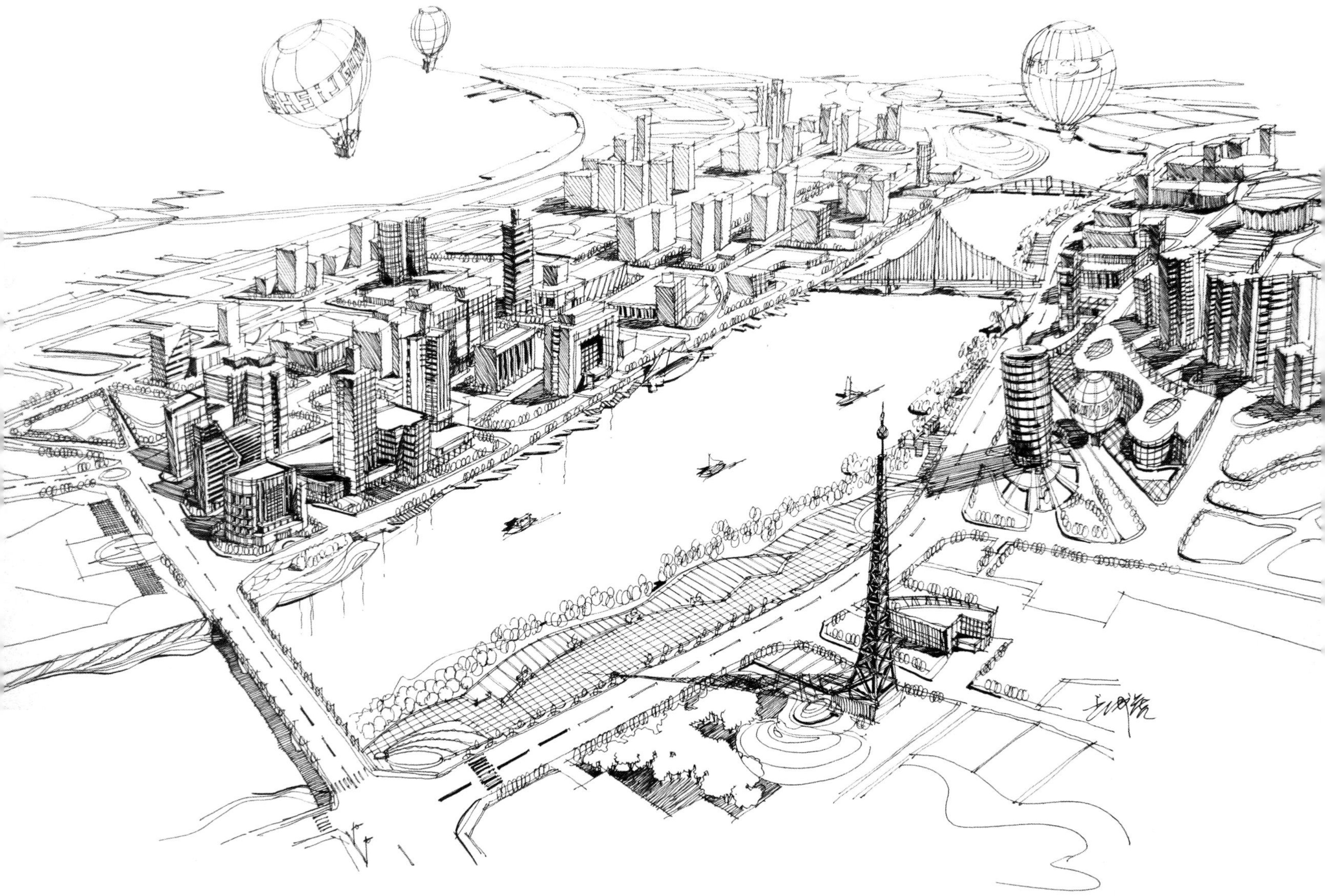

该方案为广西城市规划鸟瞰图，主要是突出沿江绿化带的基本布局，整体图面道路系统表达清晰，刻画细致入微，虚实处理得当。

广西某城市规划大型鸟瞰图

大型鸟瞰图上色时，必须区分好大的虚实关系，前景部分，色彩对比强烈，远景弱化对比，亮面部分可适当用彩铅表达光感。

古建筑风景写生

该作品为古建筑风景写生，整体构图大气，主题突出，建筑上实下虚，很好的体现了建筑的体量感。

贵州民居写生

写生时，笔法可以随意自由，用笔可集中于视觉中心，可根据场景需要，适当添加符合场景元素，如右上角的电线杆则为作者想象添加。

武汉光谷书城风景写生

厂房景观写生

该作品有意的把左右两丛植物往内收缩，使画面更加紧凑，和谐，使中心更加突出。

小区实景照片写生

该图整体调子深层、富有力量感，景观材质与周围材质相互呼应，营造出安静祥和的休闲生活空间。

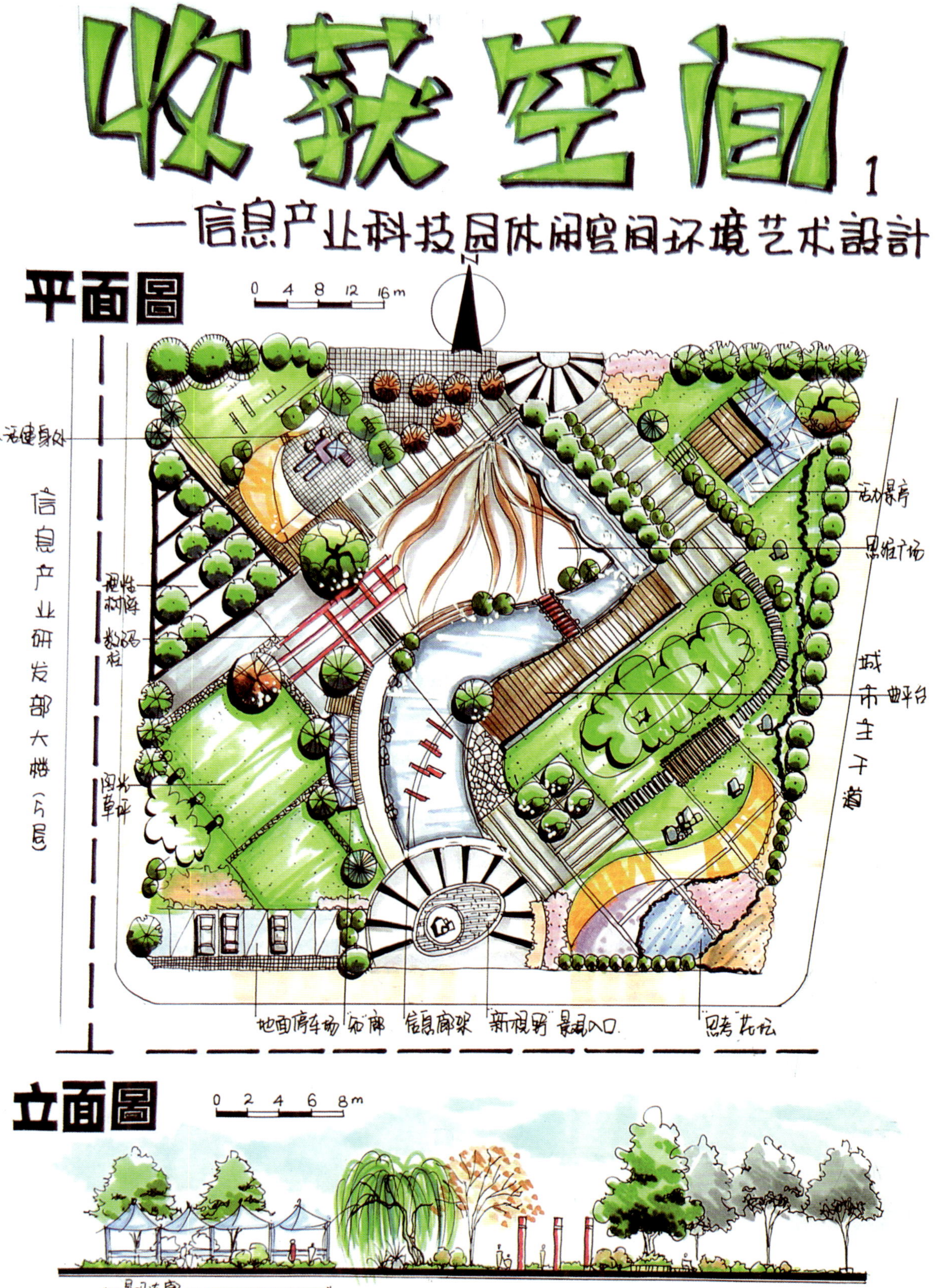
收获空间 1
—信息产业科技园休闲空间环境艺术设计
平面图
0 4 8 12 16m
乐活健身处
信息产业研发部大楼(5层)
思维广场
城市舞台
城市主干道
数码柱
地面停车场
信息廊架
新视野 景观入口
思考花坛
立面图
0 2 4 6 8m
景观连廊
水景
植物群落
景柱
大乔木
树阵

鸟瞰圖

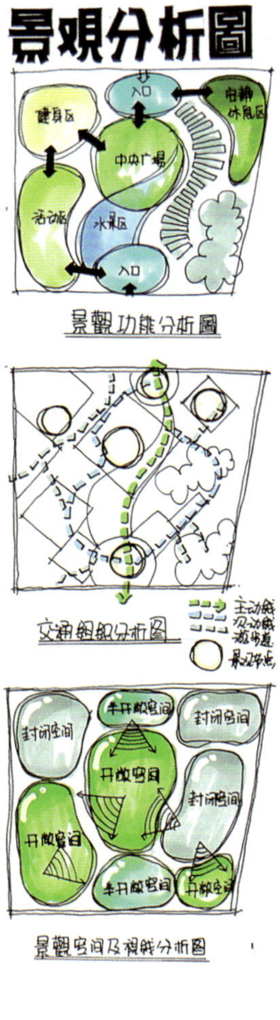
景观分析圖
入口
健身区
安静休息区
中央广场
活动区
水景区
入口
景观功能分析图
主动线
次动线
游步道
景观节点
交通组织分析图
封闭空间
半开敞空间
封闭空间
开敞空间
封闭空间
开敞空间
半开敞空间
开敞空间
景观空间及视线分析图

局部平面圖
0 1 2 3 4m
N

谢峰

科技润泽生活

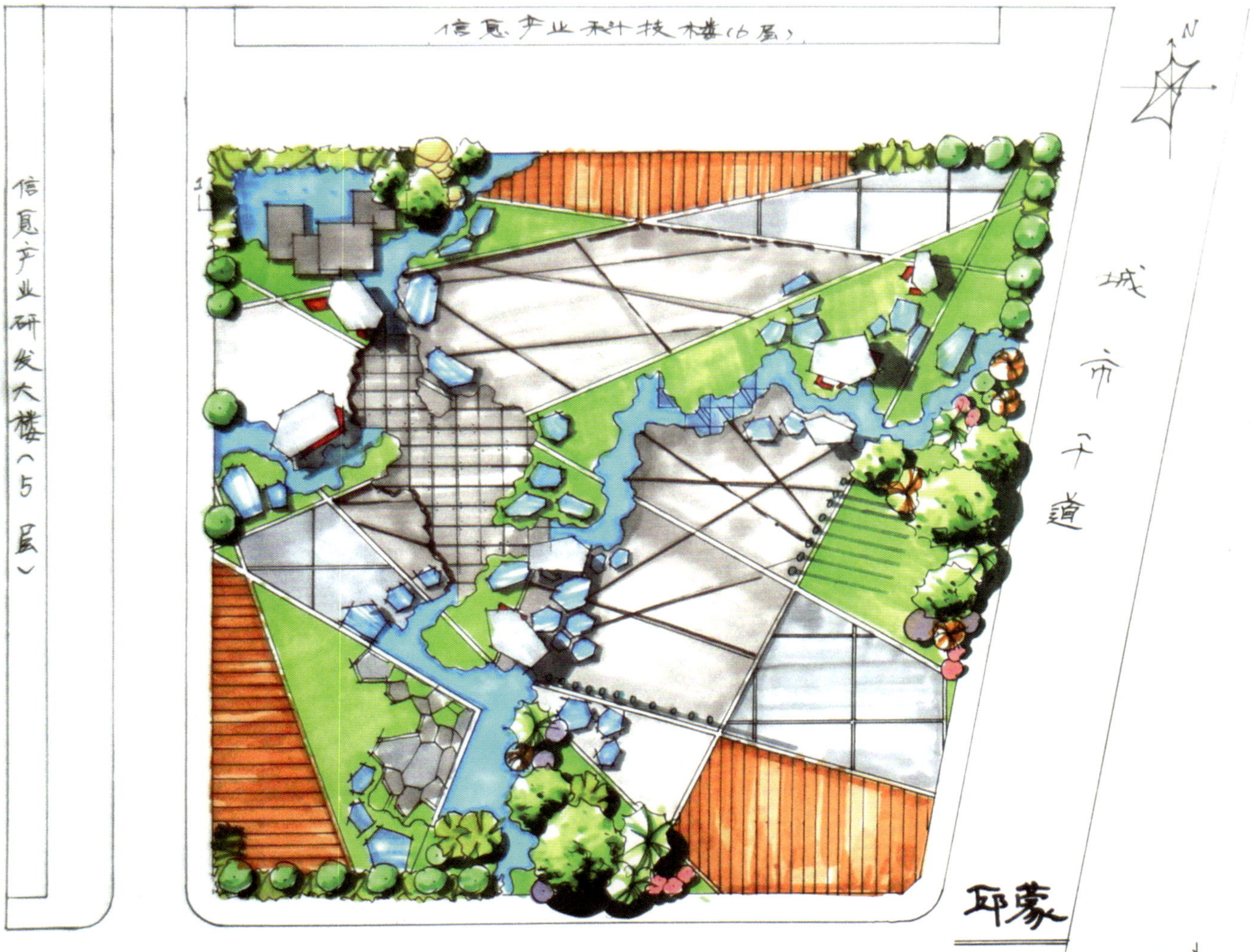

南立面图(1:400)

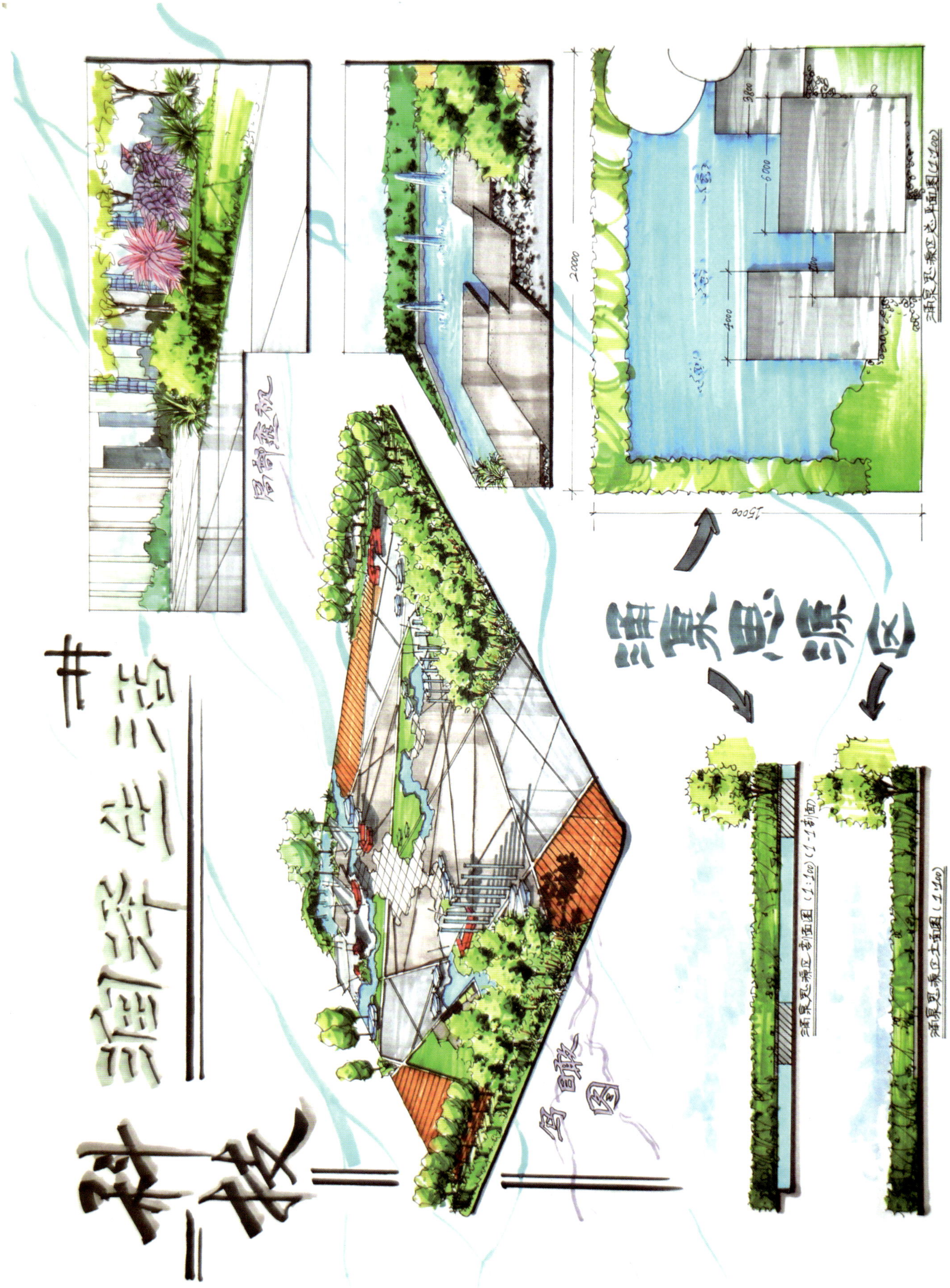